Springer-Lehrbuch

Springer-Verlag Berlin Heidelberg GmbH

Wilhelm Rödder · Peter Zörnig

Wirtschaftsmathematik für Studium und Praxis 3

Analysis II

Mit 29 Abbildungen
und 1 Tabelle

 Springer

Prof. Dr. Wilhelm Rödder
FernUniversität Hagen
Fachbereich Wirtschaftswissenschaft,
Lehrgebiet für Betriebswirtschaftslehre,
insb. Operations Research
Postfach 940
D-58084 Hagen

Dr. Peter Zörnig
Universidade de Brasília
Departamento de Matemática
Brasília, Brasilien

Die Deutsche Bibliothek - CIP-Einheitsaufnahme

Wirtschaftsmathematik für Studium und Praxis. - Berlin ;
Heidelberg ; New York ; Barcelona ; Budapest ; Hong Kong ;
London ; Milan ; Paris ; Santa Clara ; Singapore ; Tokyo :
Springer.
 (Springer-Lehrbuch)
 3. Analysis. - II / Wilhelm Rödder ; Peter Zörnig. - 1996
   ISBN 978-3-540-61716-7   ISBN 978-3-642-59082-5 (eBook)
   DOI 10.1007/978-3-642-59082-5
   NE: Rödder, Wilhelm

ISBN 978-3-540-61716-7

Dieses Werk ist urheberrechtlich geschützt. Die dadurch begründeten Rechte, insbesondere die der Übersetzung, des Nachdrucks, des Vortrags, der Entnahme von Abbildungen und Tabellen, der Funksendung, der Mikroverfilmung oder der Vervielfältigung auf anderen Wegen und der Speicherung in Datenverarbeitungsanlagen, bleiben, auch bei nur auszugsweiser Verwertung, vorbehalten. Eine Vervielfältigung dieses Werkes oder von Teilen dieses Werkes ist auch im Einzelfall nur in den Grenzen der gesetzlichen Bestimmungen des Urheberrechtsgesetzes der Bundesrepublik Deutschland vom 9. September 1965 in der jeweils geltenden Fassung zulässig. Sie ist grundsätzlich vergütungspflichtig. Zuwiderhandlungen unterliegen den Strafbestimmungen des Urheberrechtsgesetzes.

© Springer-Verlag Berlin Heidelberg 1997
Ursprünglich erschienen bei Springer-Verlag Berlin Heidelberg New York 1997

Die Wiedergabe von Gebrauchsnamen, Handelsnamen, Warenbezeichnungen usw. in diesem Werk berechtigt auch ohne besondere Kennzeichnung nicht zu der Annahme, daß solche Namen im Sinne der Warenzeichen- und Markenschutz-Gesetzgebung als frei zu betrachten wären und daher von jedermann benutzt werden dürften.

SPIN 10551299   42/2202-5 4 3 2 1 0 - Gedruckt auf säurefreiem Papier

Vorwort

Der vorliegende Lehrtext „Wirtschaftsmathematik für Studium und Praxis" erscheint in drei Bänden mit den Untertiteln

- Lineare Algebra (Kapitel 1 bis 9)
- Analysis I (Kapitel 10 bis 12)
- Analysis II (Kapitel 13 bis 16)

Er ist inhaltsgleich mit dem an der FernUniversität (FeU) in Hagen entwickelten Kurs *Mathematik für Wirtschaftswissenschaftler*.

Der Text ist stark strukturiert: Wichtige mathematische Vereinbarungen sind als *Definitionen*, wichtige Aussagen als *Sätze* oder deren *Korollare* formuliert; *Beispiele* erläutern mathematische Zusammenhänge oder stellen den Bezug zu wirtschaftswissenschaftlichen Anwendungen her, *Abbildungen* visualisieren sie. In *Übungsaufgaben* werden Sie aufgefordert, Ihr Wissen zu überprüfen. Die Lösungen sind zwar in jedem Band am Ende beigefügt, sollten jedoch nur zur Kontrolle eigener Lösungsvorschläge dienen.

Speziell an der FernUniversität, aber auch verstärkt an Präsenzuniversitäten und in der Praxis ist der Lernende auf sich selbst gestellt; mit der Folge oft großer Unsicherheit hinsichtlich der Einschätzung eigenen Vorwissens und eines geeigneten Lernrhythmus. Wir haben dieser Unsicherheit Rechnung getragen, indem wir einen (in allen Bänden gleichen) Leitfaden zur Lektüre anbieten. Dort werden Sie sicher durch den Lehrstoff geführt.

Band 3 „Analysis II" liefert dem Studierenden oder dem Praktiker die anspruchsvolleren analytischen Hilfsmittel für die Mikroökonomik, die Produktionstheorie, die Investitionsrechnung oder das Operations Research. Funktionen mehrerer Variabler, deren Differentiation (und Integration), Differentialgleichungen und Differenzengleichungen sind die mathematischen Inhalte. Sie unterscheiden sich jedoch wesentlich von denen entsprechender Kurse für Mathematiker. Substitutionsraten (von Produktionsfaktoren), Kreuzelastizitäten (von Preisen) oder Wachstumsmodelle (für das Volkseinkommen) sind nur einige eigens für die und von den Wirtschaftswissenschaften geprägte Begriffe. Das Studium von Band 3 ist auch für den Mathematiker, Ingenieur oder Physiker unabdingbar, der ein ökonomisches Zusatzstudium absolviert.

Wie schon bei den ersten beiden Bänden unterzogen sich Frau Schartl und Frau Michalik der Mühe, den Text zu schreiben, und Frau Dr. Piehler war der gute Geist, bei dem über die fachlichen Gespräche hinaus alle organisatorischen Fäden zusammenliefen. Ihnen allen sei herzlich gedankt.

Hagen, im Juni 1996

Inhaltsverzeichnis

Leitfaden zur Lektüre der Wirtschaftsmathematik ix
Inhaltsübersicht zu Band 1 xiv
Inhaltsübersicht zu Band 2 xvi
Symbolverzeichnis xvii

13. Differentialrechnung für Funktionen mehrerer Variabler 1
    13.1. Reelle Funktionen mehrerer Variabler 1
    13.2. Partielle Ableitungen 11
    13.3. Der Begriff des totalen Differentials 22
    13.4. Änderungsraten und Elastizitäten 31
    13.5. Partielle Änderungsraten und Elastizitäten 44

14. Extrema bei Funktionen mehrerer Variabler 49
    14.1. Grundbegriffe 49
    14.2. Konvexität und Konkavität 54
    14.3. Kriterien zur Bestimmung lokaler Extrema 62
    14.4. Ökonomische Anwendungsbeispiele 68
    14.5. Extrema unter Nebenbedingungen 72

15. Differential- und Differenzengleichungen 83
    15.1 Grundbegriffe der Differentialgleichungen 83
    15.2 Differentialgleichung mit getrennten Variablen 86
    15.3 Exakte Differentialgleichung 90
    15.4 Ähnlichkeitsdifferentialgleichung 95
    15.5 Allgemeine lineare Differentialgleichungen 99
    15.6 Lineare Differentialgleichungen mit konstanten Koeffizienten 106
    15.7 Lineare Differentialgleichungen in der Ökonomie 110
    15.8 Lineare Differenzengleichungen 112
    15.9 Lineare Differenzengleichungen in der Ökonomie 120

16. Einige ökonomische Funktionen **123**
    16.1. Nachfragefunktion 123
    16.2. Engel-Funktionen 124
    16.3. Angebotsfunktion 125
    16.4. Produktionsfunktion 126
    16.5. Kostenfunktion 128
    16.6. Logistische Funktion 129
    16.7. Lagerkostenfunktion 131
    16.8. Treppenfunktion 132
    16.9. Weibull-Verteilung 133
    16.10. Normalverteilung 135

Lösungen zu den Übungsaufgaben **145**

Literaturverzeichnis **169**

Stichwortverzeichnis **174**

Leitfaden zur Lektüre der Wirtschaftsmathematik

Durch zahlreiche Gespräche mit Mentoren und Studenten wurden wir angeregt, diesen Leitfaden zu schreiben. Er soll ein effizientes Durcharbeiten der drei Bände ermöglichen und Ihnen die Scheu vor dem Stoff nehmen.

Für diejenigen unter Ihnen, die an der Schule den Leistungskurs Mathematik gewählt oder aber bereits ein quantitatives Studienfach absolviert haben, ist die Wirtschaftsmathematik ohnehin „Spielerei". Den übrigen wird empfohlen, ohne Berührungsängste an das Fach heranzugehen: Auch wenn sich Ihr Interesse an den Naturwissenschaften bisher in Grenzen hielt – Sie finden heute kaum noch ein Studienfach ohne formal-mathematische und EDV-technische Grundlagen.

Natürlich gibt es auch für den mathematisch gut vorgebildeten Leser viel Neues, denn der Kurs Wirtschaftsmathematik verfolgt das Ziel, neben den bereits aufgezählten Grundlagen gerade die Sachverhalte zu vermitteln, die im Lauf eines wirtschaftswissenschaftlichen Studiums immer wieder gebraucht werden, die in der Schulmathematik oder Studiengängen der Naturwissenschaften jedoch vernachlässigt werden.

Die folgenden Ausführungen teilen wir auf in Lektüreratschläge für den Studenten mit einer *schwächeren* und den mit einer *umfassenderen* mathematischen Vorbildung.

Wenig mathematische Vorbildung

Zunächst sollten Sie z.B. anhand eines einführenden Mathematiklehrbuches – im Literaturverzeichnis mit * gekennzeichnet – überprüfen, ob Ihr Wissen auf dem bundeseinheitlichen Niveau ist, welches für eine Hochschulzugangsberechtigung erwartet wird. Grundzüge der Geometrie und Algebra, Rechnen mit Folgen und Reihen sowie der Umgang mit elementaren Funktionen und ähnliches wird hier also vorausgesetzt.

Dennoch bieten wir Ihnen in Kapitel 10 des Bandes 2 eine gute Wiederholung des Stoffs zu Funktionen einer Variablen, Grenzwerten, Stetigkeit sowie zu Folgen und Reihen an. Dieses Kapitel kann völlig losgelöst von den Kapiteln 1 bis 9 studiert werden!

Recht bald schon werden Sie im wirtschaftswissenschaftlichen Studium mit Phänomenen konfrontiert, die sich mittels Vektoren und Matrizen, Linearen Gleichungssystemen oder Determinaten darstellen lassen. Welcher Art diese Phänomene sein können, ist in Kapitel 1 unter dem Titel „Lineare Zusammenhänge in der Wirtschaft" gezeigt. Es wird keinesfalls erwartet, daß Sie diese Probleme bereits selbst formulieren geschweige denn lösen können.

Stellen Sie einfach mit Erstaunen fest, daß man recht interessante Fragestellungen mittels Vektoren und Matrizen beschreiben kann! Gewöhnen Sie sich an die Indizierung von allgemeinen Zahlen, das Summationszeichen sowie die Vektoren- und Matrixschreibweise!

Die Kapitel 2 bis 6 sind dann Grundlagen der Linearen Algebra, angereichert um ökonomische Anwendungen. Kapitel 7 geht über die Grundlagen hinaus; der Inhalt darf jedoch in einem Grundkurs nicht fehlen, da dieser in späteren Semestern oder in der Praxis gelegentlich auch als *Nachschlagewerk Mathematik* dienen soll.

Die Inhalte von Kapitel 8 finden sich ebenfalls in allen Lehrbüchern der Wirtschaftsmathematik. Sollten Sie im Hauptstudium Produktionstheorie oder Operations Research als Spezialgebiete wählen, werden Ihnen die hier entwickelten geometrischen Vorstellungen nützen – ansonsten können Sie beim Durcharbeiten von Kapitel 8 die Zügel etwas lockern.

Kapitel 9 bereitet auf die Lineare Planungsrechnung vor, so wie sie in zahlreichen Teildisziplinen der Wirtschaftswissenschaften Anwendung findet.

Leitfaden zur Lektüre der Wirtschaftsmathematik xi

Das folgende Ablaufschema zeigt also eine völlig streßfreie Variante bei der Lektüre der Studieninhalte der Kapitel 1 bis 10.

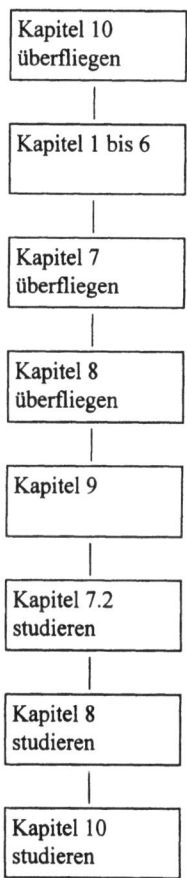

In Band 2 wird wieder der Tatsache Rechnung getragen, daß viele Studienanfänger mit den Grundlagen von reellen Funktionen, Folgen und Reihen sowie der Infinitesimalrechnung auf dem Kriegsfuß stehen. Der Inhalt von Kapitel 10 wurde bereits oben behandelt, Kapitel 11 und 12 stellen eine Zusammenfassung von Grundwissen zum Ableitungsbegriff, zu Kurvendiskussionen und zur Integralrechnung dar. Neu sind jedoch hier die ökonomischen Anwendungen, Ihnen sollten Sie Ihre besondere Aufmerksamkeit schenken.

Mit Kapitel 13 des Bandes 3 beginnt die Differentialrechnung für mehrdimensionale Funktionen und in Kapitel 14 wird nach Extrema bei solchen Funktionen gesucht. Sie dürfen getrost den theoretischen Teil von Kapitel 14 nur diagonal lesen, sollten aber den Abschnitt 14.5 über Extrema unter Nebenbedingungen intensiv bearbeiten.

Lesen Sie Kapitel 15 über Differential- und Differenzengleichungen diagonal, pikken sich jedoch die ökonomischen Anwendungen heraus und merken sich Namen und Bezugsfeld. Tun Sie gleiches mit Kapitel 16!

Streßfreies Studium der Bände 2 und 3 läuft also wie folgt ab:

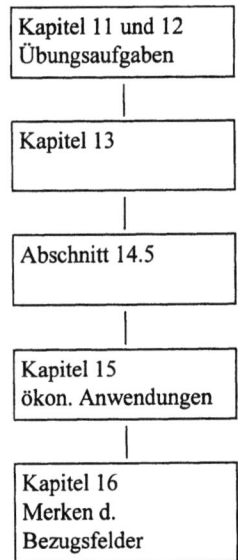

Gute mathematische Vorbildung

Für Sie gibt es zwei Varianten des Studiums der Wirtschaftsmathematik:

- Sie betrachten den Kurs als willkommene Wiederholung und Zusammenfassung Ihres Wissens. Sie lesen ihn daher ganz.

- Sie wollen schnell nur über die wirtschaftswissenschaftlichen Anwendungen informiert werden. Sollten Sie diesen Weg wählen, müssen Sie allerdings über die folgenden mathematischen Teilbereiche umfassende Kenntnisse haben.

Leitfaden zur Lektüre der Wirtschaftsmathematik

Lineare Algebra: Vektorrechnung im R^n; Lineare (Un-) Abhängigkeit; Dimension und Basis des R^n; Hyperräume; Halbräume; Orthonormalisierung von Basen; Matrizen und ihre Grundrechenarten; Lineare Gleichungssysteme und deren Lösung mittels des Gaußschen Eliminationsverfahrens; Rang und Inverse von Matrizen; Determinanten mit Laplaceschem Entwicklungssatz und Cramerscher Regel; Definitheit von quadratischen Formen; Polyeder und Kegel; Lineare Optimierung.

Analysis: Funktionsbegriff und reelle Funktionen einer Variablen wie Polynome, trigonometrische Funktionen und Exponentialfunktionen sowie deren Eigenschaften; Differential- und Integralrechnung von Funktionen einer Variablen; Grenzwerte bei unbestimmten Ausdrücken (l'Hospital); Differentialrechnung von Funktionen mehrerer Variabler; Extrema von mehrdimensionalen Funktionen ohne und mit Nebenbedingung (Lagrange-Ansatz); klassische Lösungen von Differential- und Differenzengleichungen.

Für beide Gruppen von Studierenden, die „Wiederholer" und die „Schnellen", ist das Durchrechnen aller Übungsaufgaben unerläßlich. Ferner sollten Sie vertieft auf die folgenden wirtschaftswissenschaftlichen Anwendungen achten.

Lineare Algebra: Kapitel 1; Beispiele des Kapitels 4 zur Matrizenrechnung; Abschnitt 4.5; Beispiel 5.5.4; Abschnitt 5.9; Kapitel 9.

Analysis: Kosten-, Erlös-, Gewinn- und Nachfragefunktionen, Abschreibungen und Zinseszinsrechnung in Kapitel 10 sowie speziell Abschnitt 10.15; ökonomische Anwendungen der Differential- und Integralrechnung in Abschnitt 12.4; Änderungsraten und Elastizitäten in den Abschnitten 13.4 und 13.5; Extremwertberechnungen in der Ökonomie in 14.4; der gesamte Abschnitt 14.5 über Extrema unter Nebenbedingungen; die Beispiele 15.2.3 und 15.4.4, Abschnitt 15.7 sowie Abschnitt 15.9 in Kapitel 15; das gesamte Kapitel 16.

Wir hoffen, daß der Leitfaden Ihnen das Bearbeiten der „Wirtschaftsmathematik für Studium und Praxis" erleichtert.

Inhaltsübersicht zu Band 1

1. Lineare Zusammenhänge in der Wirtschaft

    1.1 Vektoren, Matrizen und Lineare Planungsrechnung

    1.2 Lineare Algebra versus Linearität in der Ökonomie

2. Der 2-dimensionale Vektorraum R^2

    2.1 Grundbegriffe und Grundrechenarten im R^2

    2.2 Dimension und Basis des R^2

    2.3 Skalarprodukt, Gerade und Halbebene

3. Der n-dimensionale Vektorraum R^n

    3.1 Grundbegriffe und Grundrechenarten im R^n

    3.2 Dimension und Basis des R^n

    3.3 Skalarprodukt, Hyperebene und Halbraum

    3.4 Hyperräume, Unterräume

    3.5 Orthonormale Basen und Orthonormalisierung

4. Matrizen

    4.1 Die Matrix als lineare Abbildung

    4.2 Grundbegriffe und Grundrechenarten für Matrizen

    4.3 Die Matrixmultiplikation

    4.4 Spezielle Matrizen

    4.5 Input-Output-Analysen als ökonomische Anwendungsmöglichkeiten der Matrizenrechnung – Teil I

5. Lineare Gleichungssysteme und Matrixgleichungen

    5.1 Einführung und Sprechweisen

    5.2 Der Rang einer Matrix

    5.3 Homogene Gleichungssysteme

    5.4 Inhomogene Gleichungssysteme

    5.5 Das Gaußsche Eliminationsverfahren

    5.6 Pivotisieren

    5.7 Definition und Eigenschaften von Matrixinversen

    5.8 Die Matrixinversion mittels linearer Gleichungssysteme

    5.9 Input-Output-Analysen als ökonomische Anwendungsmöglichkeiten der Matrizenrechnung – Teil II

6. Determinanten

6.1 Die 2- und die 3-reihige Determinante
6.2 Die n-reihige Determinante
6.3 Anwendungen der Determinantenrechnung

7. Eigenwerte und quadratische Formen

7.1 Eigenwerte und Eigenvektoren symmetrischer Matrizen
7.2 Quadratische Formen und ihre Definitheit
7.3 Diagonalisierung durch quadratische Ergänzung

8. Spezielle Teilmengen des R^n und ihre Eigenschaften

8.1 Der ökonomische Sachbezug
8.2 Polyeder
8.3 Kegel

9. Vorbereitung auf die Lineare Programmierung

9.1 Die Deckungsbeitragsrechnung
9.2 Basislösungen und Polyederecken
9.3 Grafische Lösung einer Planungsaufgabe

Inhaltsübersicht zu Band 2

10. Funktionen einer Variablen

    10.1   Der Funktionsbegriff
    10.2   Analytische und graphische Darstellung von Funktionen
    10.3   Verknüpfung von Funktionen
    10.4   Monotonie, Beschränktheit, Symmetrie
    10.5   Umkehrfunktion
    10.6   Einige elementare Funktionen
    10.7   Polynome
    10.8   Rationale Funktionen
    10.9   Exponential- und Logarithmusfunktionen, trigonometrische Funktionen
    10.10 Folgen
    10.11 Grenzwerte bei Folgen
    10.12 Grenzwert einer Funktion für $x \to \pm\infty$
    10.13 Grenzwert einer Funktion für $x \to x_0$
    10.14 Rechnen mit Grenzwerten bei Funktionen
    10.15 Beispiele für stetige und nichtstetige Funktionen in der Ökonomie
    10.16 Stetigkeit an einer Stelle x_0
    10.17 Globale Stetigkeit
    10.18 Verknüpfung stetiger Funktionen
    10.19 Stetigkeit spezieller Funktionen

11. Differentialrechnung für Funktionen einer Variablen

    11.1 Grundlagen
    11.2 Ableitungsregeln
    11.3 Extremstellen
    11.4 Zusammenhang zwischen dem Monotonieverhalten einer Funktion und deren Ableitungsfunktion
    11.5 Zusammenhang zwischen dem Krümmungsverhalten eines Funktionsgraphen und der Ableitungsfunktion
    11.6 Systematische Kurvendiskussion
    11.7 Grenzwerte bei unbestimmten Ausdrücken

12. Integralrechnung

    12.1 Das unbestimmte Integral
    12.2 Das bestimmte Integral
    12.3 Das uneigentliche Integral
    12.4 Ökonomische Anwendungen

Symbolverzeichnis

Mengenlehre/Logik

$x \leq y$ (bzw. $x \geq y$)	x ist kleiner (bzw. größer) oder gleich y
$x < y$ (bzw. $x > y$)	x ist echt kleiner (bzw. echt größer) y
$x = y$ (bzw. $x \neq y$)	x ist gleich (bzw. ungleich) y
$\pi \approx 3{,}14$	π ist ungefähr gleich 3,14
( )	runde Klammern bei Vektoren, Punkten, Matrizen, offenen Intervallen und geordneten Paaren
[ ]	eckige Klammern bei abgeschlossenen Intervallen
{ }	geschweifte Klammern bei Mengen
N (bzw. N_0)	Menge der natürlichen Zahlen (bzw. einschließlich der Null)
Z	Menge der ganzen Zahlen
Q	Menge der rationalen Zahlen
R (bzw. R_+)	Menge der reellen (bzw. positiven reellen) Zahlen
C	Menge der komplexen Zahlen
R^n	Menge der n-komponentigen reellen Vektoren
$x \in M$ (bzw. $x \notin M$)	x ist (bzw. ist nicht) Element von M
$\{x | x \in M\}$	die Menge aller x, für die $x \in M$ gilt
$\{x \in M | \ldots\}$	die Menge aller x aus M, für die … gilt
$\emptyset$	leere Menge
$A \subset B$ (bzw. $A \not\subset B$)	A ist (bzw. ist keine) Teilmenge von B
$A \subsetneq B$	A ist echte Teilmenge von B
$A \cup B$	Vereinigungsmenge (oder: A vereinigt mit B)
$A \cap B$	Schnittmenge (oder: A geschnitten mit B)
$A \setminus B$	Differenzmenge (oder: A ohne B)
$A \times B$	kartesisches Produkt (oder: A kreuz B)
(a,b)	geordnetes Paar (oder auch: offenes Intervall, je nach Zusammenhang)
$p \Rightarrow q$	aus p folgt q (oder: Implikation)

$p \Leftrightarrow q$	p gilt genau dann, wenn q gilt (oder: Äquivalenz)
$p \wedge q$	p und q (oder: Konjunktion)
$p \vee q$	p oder q oder beides (oder: Disjunktion)
$\neg p$	nicht p (oder: Negation)
$j = 1, \ldots, n$	Der Index j läuft von 1 bis n
$\sum_{j=k}^{n}$	Summe über j von k bis n $\left[\text{z.B.} \sum_{j=3}^{5} a_j = a_3 + a_4 + a_5\right]$
$\prod_{j=k}^{n}$	Produkt über j von k bis n $\left[\text{z.B.} \prod_{j=3}^{5} a_j = a_3\, a_4\, a_5\right]$
$n!$	n-Fakultät, $n! = \prod_{j=1}^{n} j$
$U_\varepsilon(\mathbf{x})$	ε - Umgebung des Punktes $\mathbf{x}$
U_r	r - Kugel mit Radius r
$[\mathbf{x},\mathbf{y}]$ bzw. $(\mathbf{x},\mathbf{y})$	Abgeschlossenes bzw. offenes Intervall des $\boldsymbol{R^n}$
$[\mathbf{x},\mathbf{y}), (\mathbf{x},\mathbf{y}]$	Halboffene Intervalle des $\boldsymbol{R^n}$

Lineare Algebra

$\mathbf{a} = (a_1, \ldots, a_n)^{\mathrm{T}} = \begin{pmatrix} a_1 \\ \vdots \\ a_n \end{pmatrix}$	Spaltenvektor $\mathbf{a} \in R^n$
$\mathbf{a}^{\mathrm{T}} = (a_1, \ldots, a_n)$	Zeilenvektor; der transponierte Vektor von $\mathbf{a}$ (lies: „a transponiert")
$\mathbf{a}^i = \begin{pmatrix} a^i{}_1 \\ \vdots \\ a^i{}_n \end{pmatrix}$	indizierter Spaltenvektor
$\mathbf{a}^{i\mathrm{T}} = (a^i{}_1, \ldots, a^i{}_n)$	indizierter Zeilenvektor
$a_j, a^i{}_j$	j-te Komponente des Vektors $\mathbf{a}$ bzw. $\mathbf{a}^i$
$\mathbf{0} = (0, \ldots, 0)^{\mathrm{T}}$	(n-komponentiger) Nullvektor
$\mathbf{e}^i$	i-ter Einheitsvektor $\left[\text{z.B. } \mathbf{e}^2 = (0, 1, 0, 0)^{\mathrm{T}} \in \boldsymbol{R^4}\right]$
$\|\mathbf{a}\|$	Betrag oder Norm des Vektors $\mathbf{a}$

Symbolverzeichnis

$\mathbf{A} = \mathbf{A}_{m,n} = (a_{ij}) = (a_{ij})_{m,n}$ $m \times n$-Matrix mit den Elementen a_{ij}, $i = 1,\ldots,m$, $j = 1,\ldots,n$

$$= \begin{pmatrix} a_{11} & \cdots & a_{1n} \\ \vdots & & \vdots \\ a_{m1} & \cdots & a_{mn} \end{pmatrix}$$

bei Matrizen:

a^j	j-ter Spaltenvektor der Matrix $\mathbf{A}$
$a^{[i]}$	i-ter Zeilenvektor der Matrix $\mathbf{A}$
$\mathbf{A}_n = (a_{ij})_n$	$n \times n$-Matrix
$\mathbf{I}, \mathbf{I}_n$	Einheitsmatrix $\left[\text{z.B. } \mathbf{I}_3 = \begin{pmatrix} 1 & 0 & 0 \\ 0 & 1 & 0 \\ 0 & 0 & 1 \end{pmatrix}\right]$
$\mathbf{0}_{m,n}, \mathbf{0}_n$	Nullmatrix $\left[\text{z.B. } \mathbf{0}_{2,3} = \begin{pmatrix} 0 & 0 & 0 \\ 0 & 0 & 0 \end{pmatrix}, \mathbf{0}_2 = \begin{pmatrix} 0 & 0 \\ 0 & 0 \end{pmatrix}\right]$
$\mathbf{A}^T$	transponierte Matrix von $\mathbf{A}$
$\mathbf{A}^{-1}$	inverse Matrix von $\mathbf{A}$
$Rg\,\mathbf{A}$	Rang von $\mathbf{A}$
$|\mathbf{A}|$, $\det \mathbf{A}$	Determinante von $\mathbf{A}$
a_{ij}^{alt}, a_{ij}^{neu}	Elemente der Matrix $\mathbf{A} = (a_{ij})$ vor bzw. nach Durchführung eines Pivotschrittes
$\mathbf{A}\mathbf{x} = \mathbf{b}$	Lineares Gleichungssystem mit der Koeffizientenmatrix $\mathbf{A}$, dem Variablenvektor $\mathbf{x}$ und der rechten Seite $\mathbf{b}$
$(\mathbf{A}|\mathbf{b})$	Erweiterte Koeffizentenmatrix
$\mathbf{B}$ bzw. $\mathbf{N}$	Basis(-matrix) bzw. Matrix der Nichtbasisvektoren
$\mathbf{x}_B$	Vektor der Basisvariablen
$\mathbf{x}_N$	Vektor der Nichtbasisvariablen (oder: der frei wählbaren) Variablen
$q(\mathbf{x}) = \mathbf{x}^T \mathbf{A} \mathbf{x}$	quadratische Form

Funktionen einer Variablen

$\{a_n\}_{n \in N}$	Folge der reellen Zahlen a_n, $n \in N$
D_f	Definitionsbereich einer Funktion f
W_f	Wertebereich einer Funktion f

$f: D_f \to \mathbf{R}$ oder $y = f(x), x \in D_f, D_f \subset \mathbf{R}$	Funktion definiert auf der Menge D_f mit Werten in $\mathbf{R}$
$f^{-1}(y)$	Urbildmenge von $y \in W_f$
f^{-1}	Umkehrfunktion von f
$id(x)$	Identität
$sgn\ x$	Vorzeichen- oder Signumfunktion
$\lceil x \rceil, \lfloor x \rfloor$	obere, untere Gaußsche Klammerfunktion
$|x|$	Absolut- oder Betragsfunktion
$P_n(x)$	Polynom n-ten Grades
a^x	Exponentialfunktion (zur Basis a)
e^x	natürliche Exponentialfunktion
$\log_a x$	Logarithmusfunktion (zur Basis a)
$\ln x$	natürliche Logarithmusfunktion
$lg\ x$ oder $\log x$	dekadische Logarithmusfunktion
$\sin x$	Sinusfunktion
$\cos x$	Kosinusfunktion
$\tan x$	Tangensfunktion
$\cot x$	Kotangensfunktion
$\arcsin x$	Umkehrfunktion zur Sinusfunktion
$\arccos x$	Umkehrfunktion zur Kosinusfunktion
$\arctan x$	Umkehrfunktion zur Tangensfunktion
$\text{arccot}\ x$	Umkehrfunktion zur Kotangensfunktion
$\sup_{x \in A} f(x)$	Supremum von f auf A
$\inf_{x \in A} f(x)$	Infimum von f auf A
$\lim_{x \to \infty} f(x)$	Grenzwert von f für x gegen ∞
$\lim_{x \to x_0} f(x)$	Grenzwert von f für x gegen x_0
$\lim_{x \to x_0^+} f(x)$	rechtsseitiger Grenzwert
$\lim_{x \to x_0^-} f(x)$	linksseitiger Grenzwert

Symbolverzeichnis

Differentialrechnung für Funktionen einer Variablen

Δx \hspace{2em} Differenz $(x - x_o)$

$\dfrac{\Delta y}{\Delta x} = \dfrac{f(x_o + \Delta x) - f(x_o)}{\Delta x}$ \hspace{1em} Differenzenquotient

$f', y', \dfrac{dy}{dx}, \dfrac{df}{dx}, \dfrac{df(x)}{dx}$ \hspace{1em} Ableitung von $y = f(x)$

$f'(x_0), \dfrac{dy}{dx}\bigg|_{x=x_0}$, \hspace{1em} Ableitung von $y = f(x)$ an der Stelle $x = x_0$

$\dfrac{df}{dx}\bigg|_{x=x_0}, \dfrac{df(x)}{dx}\bigg|_{x=x_0}$

$f_l'(x_0) \left(\text{bzw. } f_r'(x_0)\right)$ \hspace{1em} linksseitige (bzw. rechtsseitige) Ableitung von f an der Stelle x_o

D_f' \hspace{2em} Differenzierbarkeitsbereich von f

f'', y'' \hspace{2em} 2. Ableitung von f

$f^{(k)}, y^{(k)}, \dfrac{d^k f}{dx^k}, \dfrac{d^k y}{dx^k}$ \hspace{1em} k - te Ableitung von f

$f^{(o)} = f$ \hspace{2em} o - te Ableitung von f

dy \hspace{2em} Differential von $y = f(x)$ an einer Stelle x_o

Integralrechnung

$\int_a^b f(x)dx$ \hspace{1em} bestimmtes Integral von f über $[a,b]$

$\int f(x)dx$ \hspace{1em} unbestimmtes Integral von f

$F(x)\big|_a^b$ \hspace{1em} Differenz $F(b) - F(a)$ der Stammfunktion $F(x)$

Funktionen mehrerer Variabler

$y = f(\mathbf{x}), \mathbf{x} \in D_f, D_f \subset \mathbf{R}^n$ \hspace{1em} Reellwertige Funktion mehrerer Variablen

$\lim_{\substack{x_1 \to x_1^0 \\ \vdots \\ x_n \to x_n^0}} f(\mathbf{x})$ \hspace{1em} Grenzwert von f für $x_i \to x_i^0, i = 1,\ldots,n$

$\mathbf{x}^{(m)} = \left(x_1^{(m)},\ldots,x_n^{(m)}\right)^{\mathrm{T}}$	mit m indizierter Vektor des $\boldsymbol{R}^n$; im Gegensatz zur linearen Algebra wird die Klammerung der oberen Indizes hier notwendig, um sie von Exponenten zu unterscheiden
$f_{x_i}, \dfrac{\partial f}{\partial x_i}, \dfrac{\partial f(\mathbf{x})}{\partial x_i}$	partielle Ableitung von f nach $x_i, i \in \{1,\ldots,n\}$
$f_{x_i}(\mathbf{x}), fx_i(x_1,\ldots,x_n),$ $\left.\dfrac{\partial f}{\partial x_i}\right\|_{(x_1,\ldots,x_n)^{\mathrm{T}}}$	partielle Ableitung von f nach x_i an einer Stelle $\mathbf{x} = (x_1,\ldots,x_n)^{\mathrm{T}}$
$f_{x_i x_j}, \dfrac{\partial^2 f}{\partial x_i \partial x_j}$	partielle Ableitung 2. Ordnung von f nach x_i und $x_j; i,j = 1,\ldots,n$
$\mathbf{H}f(x_1,\ldots,x_n)\|_{(x_1,\ldots,x_n)^{\mathrm{T}}}$	Matrix der partiellen Ableitungen 2.Ordnung (Hesse-Matrix) an der Stelle $(x_1,\ldots,x_n)^{\mathrm{T}}$
grad f	Gradient von f
grad $f(\mathbf{x}^o)$	Gradient von f an der Stelle $\mathbf{x}^o$
$\mathrm{d}f_{x_i}$	partielles Differential von f an einer Stelle $\mathbf{x} = (x_1,\ldots,x_n)^{\mathrm{T}}$
$\mathrm{d}f$	totales Differential von f an einer Stelle $\mathbf{x} = (x_1,\ldots,x_n)^{\mathrm{T}}$
$\mathrm{d}^2 f$	totales Differential 2. Ordnung von f an einer Stelle $\mathbf{x} = (x_1,\ldots,x_n)^{\mathrm{T}}$

Kapitel 13

Differentialrechnung für Funktionen mehrerer Variabler

13.1 Reelle Funktionen mehrerer Variabler

In der Ökonomie sowie in vielen anderen Anwendungsbereichen der Mathematik ist eine beobachtete Größe häufig von mehreren Variablen abhängig. Die mathematische Beschreibung derartiger Zusammenhänge führt unmittelbar zum Begriff der reellen Funktion in mehreren Variablen.

Definition 13.1.1

Es sei $n \in N$ und $D_f \subset R^n$. Wird jedem Punkt $(x_1,...,x_n)^T \in D_f$ durch eine Funktion f eindeutig eine Zahl $y = f(x_1,...,x_n)$ zugeordnet, so heißt f eine *reelle Funktion in n (reellen) Variablen* bzw. eine *n-dimensionale Funktion*. Im Fall $n>1$ spricht man auch von einer *mehrdimensionalen Funktion*. Dabei heißen $x_1,..., x_n$ die *unabhängigen* und y die *abhängige* Variable.

reelle Funktion in n (reellen) Variablen,
n-dimensionale Funktion
mehrdimensionale Funktion
(un)abhängige Variable

Beispiel 13.1.2

Spezielle Funktionen in zwei bzw. drei Variablen sind

$$f(x_1,x_2) = x_1 x_2 + \frac{\sin x_1}{e^{x_2}},$$

$$f(x_1,x_2,x_3) = x_1^2 + x_2 x_3^2 + \sin(x_1 x_2),$$

$$f(x_1,x_2,x_3) = \frac{x_1}{x_2} + \frac{\sqrt{x_3}}{x_1}.$$

Dabei sind die ersten beiden Funktionen auf ganz R^2 bzw. R^3 definiert, und für den Definitionsbereich der letzten gilt

$$D_f = \left\{(x_1,x_2,x_3)^T \in R^3 | x_1 \neq 0, x_2 \neq 0, x_3 \geq 0\right\}.$$

Eine wichtige Klasse von Funktionen wird durch die Definitionen 13.1.3 und 13.1.6 eingeführt.

Definition 13.1.3

Eine Funktion der Gestalt

$$f(x_1,\ldots,x_n) = a_0 + a_1 x_1 + \ldots + a_n x_n, \tag{13.1.01}$$

affinlineare Funktion   wobei die a_i beliebige reelle Zahlen sind, heißt eine *affinlineare Funktion*.
lineare Funktion   Im Fall $a_0 = 0$ heißt sie eine *lineare Funktion*.

Beispiel 13.1.4

Eine affinlineare und eine lineare Funktion sind gegeben durch

i) $f(x_1, x_2, x_3) = 5 + 3x_1 - 7x_2 + \sqrt{2}x_3,$
ii) $f(x_1,\ldots,x_4) = 2x_1 - \pi x_2 + \sqrt{2}x_3 + 25x_4.$

Bemerkung 13.1.5

i)   Den Graphen der linearen Funktion

$$f(x_1,\ldots,x_n) = a_1 x_1 + \ldots + a_n x_n$$

kann man in der Form

$$\begin{aligned}G_f &= \left\{(x_1,\ldots,x_n,y)^T \in R^{n+1} \mid y = a_1 x_1 + \ldots + a_n x_n\right\} \\ &= \left\{(x_1,\ldots,x_n,y)^T \in R^{n+1} \mid (a_1,\ldots,a_n,-1)(x_1,\ldots,x_n,y)^T = 0\right\}\end{aligned} \tag{13.1.02}$$

darstellen, denn es gilt

$$y = a_1 x_1 + \ldots + a_n x_n$$
$$\Leftrightarrow 0 = a_1 x_1 + \ldots + a_n x_n - y$$
$$\Leftrightarrow 0 = (a_1,\ldots,a_n,-1)(x_1,\ldots,x_n,y)^T$$

Somit ist G_f die Menge aller zu $(a_1,\ldots,a_n,-1)^T$ orthogonalen Vektoren, d.h. G_f ist die auf dem Vektor $(a_1,\ldots,a_n,-1)^T$ „senkrecht stehende" Hyperebene des R^{n+1}. (Die Begriffe „Hyperebene" und „orthogonal" werden eingehend im Text „Lineare Algebra" behandelt).

13.1 Reelle Funktionen mehrerer Variabler

ii) Der Graph der affinlinearen Funktion

$$f(x_1,\ldots,x_n) = a_0 + a_1 x_1 + \ldots + a_n x_n$$

ist offenbar eine zu (13.1.02) parallele Hyperebene des R^{n+1}.

In Verallgemeinerung der Begriffe „Monom" und „Polynom" bei eindimensionalen Funktionen (vgl. Def. 10.7.3) erhält man die folgende Definition.

Definition 13.1.6

Ein Ausdruck der Form

$$c x_1^{k_1} \cdot x_2^{k_2} \cdot \ldots \cdot x_n^{k_n}$$

heißt ein *Monom vom Grade* $k = k_1 + \ldots + k_n$. Dabei sind die k_i nichtnegative ganze Zahlen und c eine beliebige reelle Zahl. Eine Summe von Monomen heißt ein Polynom. Der Grad des *Polynoms* ist der maximale Grad der auftretenden Monome. Ein Polynom vom Grade 2 heißt eine *quadratische Funktion*.

Monom vom Grade k

Polynom

quadratische Funktion

Insbesondere ist eine Konstante offenbar ein Monom vom Grade 0.

Beispiel 13.1.7

Eine spezielles Polynom vom Grade 3 und eine quadratische Funktion sind

i) $f(x_1,x_2,x_3) = -2 + x_1^3 + 2x_1 x_3 + x_1 + 6 x_2 x_3^2$,

ii) $f(x_1,x_2,x_3) = 5 + x_1 + 2x_3 + 3x_1 x_2 + 6 x_1^2 - \sqrt{2} x_3^2$.

Übungsaufgabe 13.1.8

i) Machen Sie sich klar, daß die affinlinearen Funktionen die Polynome vom Grade ≤ 1 sind.

ii) Geben Sie die allgemeine Form einer quadratischen Funktion an.

Der Graph einer Funktion in $n = 2$ Variablen, d.h. die Punktmenge

$$\{(x_1, x_2, f(x_1, x_2))^T \in \mathbf{R}^3 | (x_1, x_2)^T \in D_f\}$$

läßt sich als Fläche über der (x_1, x_2)-Ebene veranschaulichen.

Beispiel 13.1.9

Der Graph der Funktion

$$f(x_1, x_2) = 4 - 4x_1 - 2x_2$$

ist in Abb. 13.1.10 dargestellt. Es handelt sich dabei um eine Ebene durch die Punkte $(0,0,4)^T$, $(0,2,0)^T$ und $(1,0,0)^T$. Sie steht senkrecht auf dem Vektor

$$(a_1, a_2, -1)^T = (-4, -2, -1)^T.$$

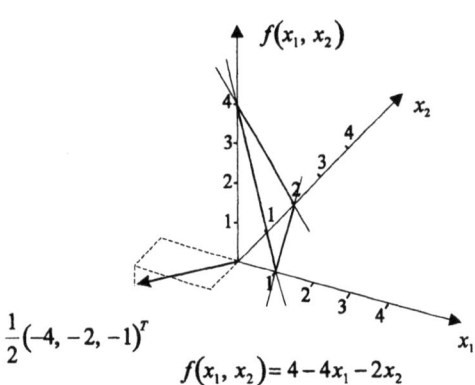

Abb. 13.1.10: Graphische Darstellung der Funktion in Beispiel 13.1.9

Beispiel 13.1.11

Die Abb.13.1.12 enthält den Graphen der quadratischen Funktion

$$f(x_1, x_2) = 10 - (x_1 - 5)^2 - (x_2 - 5)^2.$$

Es ist ein Rotationsparaboloid, der durch Rotation einer Parabel um die senkrechte Achse $\{(5, 5, x_3)^T | x_3 \in \mathbf{R}\}$ entsteht.

13.1 Reelle Funktionen mehrerer Variabler

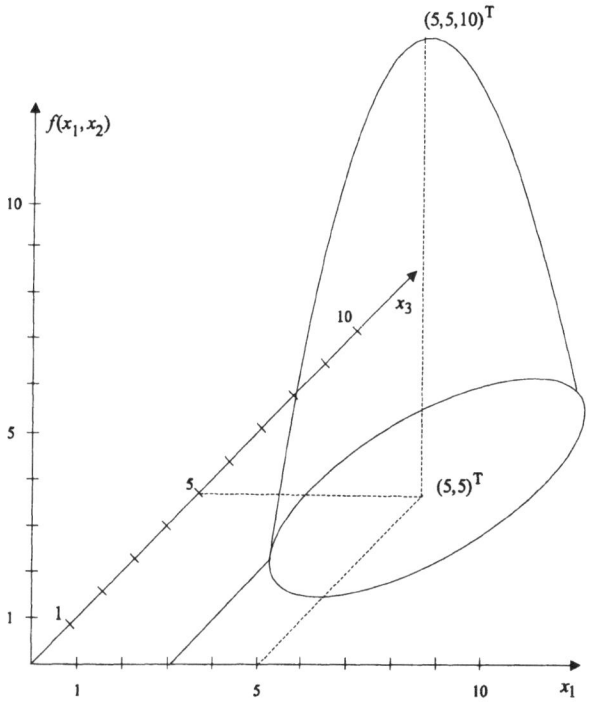

Abb. 13.1.12: Graphische Darstellung der Funktion in Beispiel 13.1.11

Eine alternative Darstellungsweise für Funktionen zweier Variabler ermöglichen die aus der Geographie bekannten Isohöhenlinien. Die Isohöhenlinie einer Funktion f zur Höhe c besteht aus allen Punkten $(x_1, x_2)^T \in D_f$, die die Gleichung $f(x_1, x_2) = c$ erfüllen.

Beispiel 13.1.13

Für die Funktionen der Beispiele 13.1.9 und 13.1.11 sind die Isohöhenlinien die Lösungsmengen der Gleichungen

i) $4 - 4x_1 - 2x_2 = c \Leftrightarrow$
$x_2 = 2 - \dfrac{c}{2} - 2x_1$

bzw.

ii) $10 - (x_1 - 5)^2 - (x_2 - 5)^2 = c \Leftrightarrow$
$10 - c = (x_1 - 5)^2 + (x_2 - 5)^2.$

Gleichung i) definiert für verschiedene c eine Schar paralleler Geraden. Für c mit $c \leq 10$ ergeben die Lösungsmengen von ii) konzentrische Kreise mit dem Mittelpunkt $(5,5)^T$ und dem Radius $\sqrt{10-c}$ (vgl. Abb. 13.1.14).

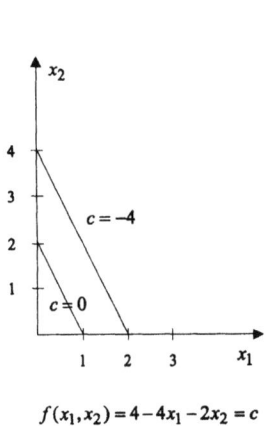

$f(x_1, x_2) = 4 - 4x_1 - 2x_2 = c$

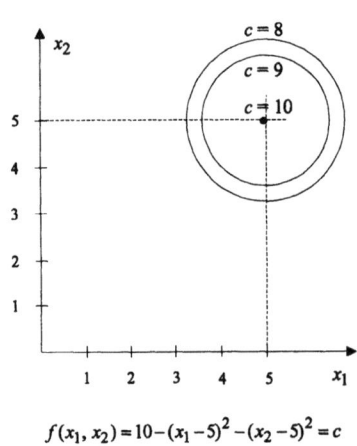

$f(x_1, x_2) = 10 - (x_1 - 5)^2 - (x_2 - 5)^2 = c$

Abb. 13.1.14: Isohöhenlinien der Funktionen in Beispiel 13.1.9 und Beispiel 13.1.11

Um die Stetigkeit für Funktionen mehrerer Variabler definieren zu können, wird der Begriff der Konvergenz von Folgen im R^n benötigt.

Definition 13.1.15

Man sagt, eine Folge von Punkten $(\mathbf{x}^{(m)})_{m \in N}$ mit

$$\mathbf{x}^{(m)} = (x_1^{(m)}, \ldots, x_n^{(m)})^T \in R^n$$

Konvergenz einer Punktfolge

konvergiert gegen einen Grenzwert $\mathbf{x}^{(o)} = (x_1^{(o)}, \ldots, x_n^{(o)})^T$, wenn alle Komponenten von $\mathbf{x}^{(m)}$ gegen die entsprechende Komponente von $\mathbf{x}^{(o)}$ konvergieren, d.h. wenn

$$\lim_{m \to \infty} x_i^{(m)} = x_i^{(o)}$$

für alle $i = 1, \ldots, n$ gilt. Man schreibt dann

$$\lim_{m \to \infty} \mathbf{x}^{(m)} = \mathbf{x}^{(o)}.$$

Beispiel 13.1.16

Die Folge von Punkten $(\mathbf{x}^{(m)})_{m \in N}$ mit

$$\mathbf{x}^{(m)} = (x_1^{(m)}, x_2^{(m)})^T := \left(2 + \frac{1}{m}, \frac{m+2}{m+5}\right)^T \in \mathbf{R}^2$$

konvergiert gegen den Grenzwert $\mathbf{x}^{(o)} := (2, 1)^T$, da

$$\lim_{m \to \infty}\left(2 + \frac{1}{m}\right) = 2 \quad \text{und} \quad \lim_{m \to \infty} \frac{m+2}{m+5} = 1$$

gilt. Die Punkte der Folge und der Grenzwert $\mathbf{x}^{(o)}$ sind in Abb. 13.1.17 veranschaulicht.

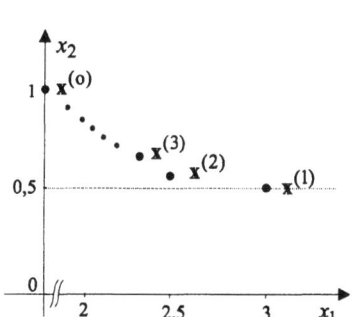

Abb. 13.1.17: Graphische Darstellung der Folge in Beispiel 13.1.16

Übungsaufgabe 13.1.18

Bestimmen Sie die Grenzwerte der Folgen $(\mathbf{x}^{(m)})_{m \in N}$ mit

$$\mathbf{x}^{(m)} = (x_1^{(m)}, x_2^{(m)})^T \in \mathbf{R}^2$$

– falls diese existieren – für

i) $x_1^{(m)} = \frac{1}{m}, \quad x_2^{(m)} = \cos\frac{m}{m+1}$,

ii) $x_1^{(m)} = \sin m, \quad x_2^{(m)} = \frac{1}{m^2}$,

iii) $x_1^{(m)} = \sin\frac{1}{m}, \quad x_2^{(m)} = \frac{1}{\sqrt{m}} + 3$.

Welche Folge(n) konvergieren nicht?

Definition 13.1.19

stetig in einem Punkt

i) **Eine reelle Funktion $f(x)$ mit $x = (x_1,..., x_n)$ heißt *stetig in einem Punkt* $x^{(o)} = (x_1^{(o)},...,x_n^{(o)})^T \in D_f$, wenn für jede gegen $x^{(o)}$ konvergente Punktfolge auch die zugehörige Folge der Funktionswerte gegen $f(x^{(o)})$ konvergiert, d.h. wenn für jede Folge $(x^{(m)})_{m \in N}$ mit $x^{(m)} = (x_1^{(m)},...,x_n^{(m)})^T \in D_f$ und $\lim_{m \to \infty} x^{(m)} = x^{(o)}$ die Bedingung**

$$\lim_{m \to \infty} f(x^{(m)}) = f(x^{(o)})$$

erfüllt ist.

stetige Funktion

ii) **Die Funktion f heißt *stetig* (auf D_f), wenn f in allen Punkten $x \in D_f$ stetig ist.**

Beispiel 13.1.20

Die Funktion $f: R^2 \to R$ mit

$$f(x_1, x_2) = \begin{cases} 1 & \text{für } x_1 \leq 0 \\ 0 & \text{für } x_1 > 0 \end{cases}$$

ist unstetig im Punkt $x^{(o)} = (0,0)^T$.

Für die Folge $(x^{(m)})_{m \in N}$ mit $x^{(m)} := (x_1^{(m)}, x_2^{(m)})^T = \left(\frac{1}{m}, 0\right)^T$ gilt $\lim_{m \to \infty} x^{(m)} = x^{(o)}$, und der Funktionswert des Grenzwerts ist $f(x^{(o)}) = 1$.

Wegen $x_1^{(m)} = 1/m > 0$ gilt ferner $f(x^{(m)}) = 0$ für $m = 1, 2,...$ und somit $\lim_{m \to \infty} f(x^{(m)}) = 0$. Es gilt also $\lim_{m \to \infty} f(x^{(m)}) \neq f(x^{(o)})$. Entsprechend zeigt man, daß f in jedem Punkt der Form $x^{(o)} = (0, y)^T$ mit $y \in R$ unstetig ist. Dagegen ist f stetig in jedem Punkt der Form $x^{(o)} = (x, y)^T$ mit $x \neq 0, y \in R$. Ist etwa $x^{(o)} = (1,1)^T$ und $(x^{(m)})_{m \in N}$ eine beliebige Folge mit $\lim_{m \to \infty} f(x^{(m)}) = x^{(o)}$ so liegen alle Punkte $x^{(m)}$ mit hinreichend großem m im einer Umgebung U_ε von $x^{(o)}$, $0 < \varepsilon < 1$ (vgl. Abschnitt 10.11 zur Definition von U_ε und Abb. 13.1.21). Für diese $x^{(m)}$ gilt also $f(x^{(m)}) = 0$, woraus $\lim_{m \to \infty} f(x^{(m)}) = 0 = f(1,1)$ folgt.

13.1 Reelle Funktionen mehrerer Variabler

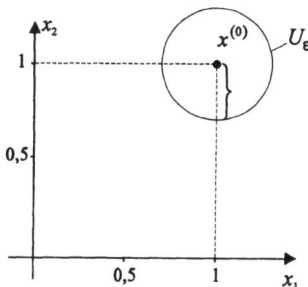

Abb. 13.1.21: Umgebung U_ε des Punktes $x^{(o)} = (1,1)^T$ in Beispiel 13.1.20

Einige wichtige ökonomische Funktionen besitzen die in der folgenden Definition eingeführte Eigenschaft der Homogenität.

Definition 13.1.22

Eine Funktion $f: D_f \to R$ ($D_f \subset R^n$) heißt *homogen vom Grade* α, wenn

$$f(\lambda x_1, \ldots, \lambda x_n) = \lambda^\alpha f(x_1, \ldots, x_n)$$

bzw. in Vektorschreibweise

$$f(\lambda \mathbf{x}) = \lambda^\alpha f(\mathbf{x})$$

für alle $\mathbf{x} = (x_1, \ldots, x_n)^T \in D_f$ und alle $\lambda > 0$ gilt.

Für $\alpha = 1$, $\alpha < 1$, bzw. $\alpha > 1$ heißt f *linear-, unterlinear- bzw. überlinear- homogen*.

homogen vom Grade α

linear-, unterlinear-, überlinear-homogen

Beispiel 13.1.23

Die *Cobb-Douglas-Funktionen* (vgl. Übungsaufgabe 11.7.9), d.h. Produktionsfunktionen der Gestalt

Cobb-Douglas-Funktion

$$f(x_1, \ldots, x_n) = c x_1^{\alpha_1} \ldots x_n^{\alpha_n}$$

($x_1, \ldots, x_n \geq 0$; $c, \alpha_1, \ldots, \alpha_n \geq 0$) sind homogen vom Grade $\alpha = \alpha_1 + \ldots + \alpha_n$. Es gilt nämlich

$$\begin{aligned} f(\lambda x_1, \ldots, \lambda x_n) &= c(\lambda x_1)^{\alpha_1} \ldots (\lambda x_n)^{\alpha_n} \\ &= \lambda^{\alpha_1} \ldots \lambda^{\alpha_n} c x_1^{\alpha_1} \ldots x_n^{\alpha_n} \\ &= \lambda^{\alpha_1 + \ldots + \alpha_n} f(x_1, \ldots, x_n). \end{aligned}$$

Eine Produktionsfunktion $y = f(x_1,...,x_n)$ gibt den Output y in Abhängigkeit von den Inputs $x_1,...,x_n$ an. Die Homogenität vom Grade α bedeutet dabei, daß der Output um den Faktor λ^α ansteigt, wenn alle Inputs um den Faktor λ erhöht werden.

Übungsaufgabe 13.1.24

Zeigen Sie, daß lineare Funktionen auch linear-homogen sind (vgl. Definition 13.1.3 und Definition 13.1.22).

Die Umkehrung der Aussage in Übungsaufgabe 13.1.24 gilt allerdings nicht, wie das folgende Beispiel einer sog. CES-Produktionsfunktion (CES: constant elasticity of substitution) zeigt.

Beispiel 13.1.25

Die Funktion

$$f(x_1,...,x_n) = c(\alpha_1 x_1^\beta + ... + \alpha_n x_n^\beta)^{\frac{1}{\beta}}$$

ist linear-homogen, da

$$f(\lambda x_1,...,\lambda x_n) = c\left[\alpha_1(\lambda x_1)^\beta + ... + \alpha_n(\lambda x_n)^\beta\right]^{\frac{1}{\beta}}$$

$$= c\left[\lambda^\beta(\alpha_1 x_1^\beta + ... + \alpha_n x_n^\beta)\right]^{\frac{1}{\beta}}$$

$$= c(\lambda^\beta)^{\frac{1}{\beta}}(\alpha_1 x_1^\beta + ... + \alpha_n x_n^\beta)^{\frac{1}{\beta}}$$

$$= \lambda f(x_1,...,x_n)$$

gilt. Offenbar ist diese Funktion aber nicht linear.

Übungsaufgabe 13.1.26

Stellen Sie die Funktion f im Beispiel 13.1.25 für den Fall $n = 2$, $c = 2$, $\alpha_1 = 1$, $\alpha_2 = 2$, $\beta = 2$ mit Hilfe von Isohöhenlinien graphisch dar.

In den folgenden beiden Abschnitten wird der Begriff der Ableitung einer eindimensionalen Funktion (vgl. Abschnitt 11.1) auf n-dimensionale Funktionen verallgemeinert.

13.2 Partielle Ableitungen

Für mehrdimensionale Funktionen $f(x_1,...,x_n)$ läßt sich in naheliegender Weise ein Differenzierbarkeitsbegriff einführen, indem man annimmt, daß nur die Variable x_k variiert wird, während $x_1,...,x_{k-1},x_{k+1},...,x_n$ konstant gehalten werden. In diesem Fall läßt sich $f(x_1,...,x_n)$ als eindimensionale Funktion in der Variablen x_k auffassen, für die in Kap. 11 bereits die Ableitung definiert worden ist. Diese Überlegung führt zum folgenden Begriff der partiellen Ableitung.

Definition 13.2.1

Es sei $D_f \subset R^n$ eine Menge, $\mathbf{x}^{(0)} = (x_1^{(0)},...,x_n^{(0)})^T \in D_f$ ein Punkt, und $f: D_f \to R$ sei eine Funktion.

i) Die Funktion f heißt in $\mathbf{x}^{(0)}$ **partiell differenzierbar bzgl.** x_k, falls der Grenzwert

$$\lim_{\Delta x_k \to 0} \frac{f(x_1^{(0)},...,x_{k-1}^{(0)},x_k^{(0)}+\Delta x_k,x_{k+1}^{(0)},...,x_n^{(0)}) - f(x_1^{(0)},...,x_n^{(0)})}{\Delta x_k}$$

(13.2.01)

existiert.

Der Grenzwert (13.2.01) wird mit $f_{x_k}(\mathbf{x}^{(0)})$ oder mit

$$\left.\frac{\partial f(x_1,...,x_n)}{\partial x_k}\right|_{\mathbf{x}=\mathbf{x}^{(0)}}$$

bezeichnet und heißt die (erste) *partielle Ableitung von f bzgl. x_k an der Stelle* $\mathbf{x}^{(0)}$.

partielle Ableitung von f an der Stelle $\mathbf{x}^{(0)}$

ii) Ist die Funktion f an allen Stellen $\mathbf{x} \in D_f$ bzgl. aller Variablen $x_1,...,x_n$ partiell differenzierbar, so heißt f *partiell differenzierbar*.

partiell differenzierbar

Sind alle Funktionen f_{x_k} ($k = 1,...,n$) stetig, so heißt f *stetig partiell differenzierbar*.

stetig partiell differenzierbar

Die Begriffe werden durch die folgende Überlegung veranschaulicht.

Bemerkung 13.2.2

i) Die partielle Ableitung von $f(x_1,...,x_n)$ bzgl. x_k an der Stelle

$$(x_1^{(0)},\ldots,x_{k-1}^{(0)},x,x_{k+1}^{(0)},\ldots,x_n^{(0)})^T$$

ist die Ableitung der eindimensionalen Funktion f_k an der Stelle x, wobei

$$f_k(x) := f(x_1^{(0)},\ldots,x_{k-1}^{(0)},x,x_{k+1}^{(0)},\ldots,x_n^{(0)})$$

ist. Denn nach Def. 11.1.4 gilt

$$\begin{aligned}f_k'(x) &= \lim_{\Delta x \to 0}\frac{f_k(x+\Delta x)-f_k(x)}{\Delta x}\\ &= \lim_{\Delta x \to 0}\frac{f(x_1^{(0)},\ldots,x_{k-1}^{(0)},x+\Delta x,x_{k+1}^{(0)},\ldots,x_n^{(0)})-f(x_1^{(0)},\ldots x\ldots,x_n^{(0)})}{\Delta x}\\ &= f_{x_k}(x_1^{(0)},\ldots,x_{k-1}^{(0)},x,x_{k+1}^{(0)},\ldots,x_n^{(0)}).\end{aligned}$$

ii) Für den Fall $n = 2$ sind die Zusammenhänge in Abb. 13.2.3 veranschaulicht. Die Funktion f hat dann die Gestalt

$$y = f(x_1, x_2)$$

und die Funktionen f_k sind

$$f_1(x) = f(x, x_2^{(0)})$$

und

$$f_2(x) = f(x_1^{(0)}, x).$$

Der Graph von f_1 ist der Durchschnitt des Graphen von f mit der Ebene, die parallel zur (x_1, y)-Ebene liegt und den Punkt $(0, x_2^{(0)}, 0)^T$ enthält. Entsprechend ist der Graph von f_2 der Durchschnitt des Graphen von f mit der Ebene, die parallel zur (x_2, y)-Ebene liegt und den Punkt $(x_1^{(0)}, 0, 0)^T$ enthält.

Nach Teil i) gilt

$$f_{x_1}(x_1^{(0)}, x_2^{(0)}) = f_1'(x_1^{(0)})$$

bzw.

$$f_{x_2}(x_1^{(0)}, x_2^{(0)}) = f_2'(x_2^{(0)}).$$

Die partiellen Ableitungen geben also die Steigungen der Graphen von f_1 in $x_1^{(0)}$ bzw. von f_2 in $x_2^{(0)}$ an und sind somit gleich $\tan\alpha$ bzw. $\tan\beta$. In der Abb. 13.2.3 sind diese Steigungen negativ, α und β sind daher stumpfe Winkel. (Für den stumpfen Winkel $\alpha = 135°$ gilt z.B. $\tan\alpha = -1 < 0$)

13.2 Partielle Ableitungen

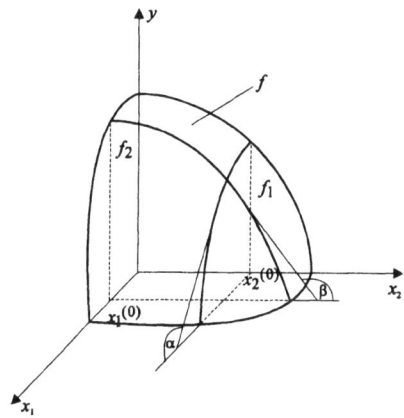

Abb. 13.2.3: Partielle Ableitungen

Beispiel 13.2.4

Wir betrachten die Funktion

$$f(x_1, x_2) = 30 - (x_1 - 4)^2 - (x_2 - 5)^3.$$

Die partielle Ableitung bzgl. x_1 ergibt sich, indem man x_2 als konstant betrachtet und nach x_1 ableitet, d.h.

$$f_{x_1}(x_1, x_2) = -2(x_1 - 4) = 8 - 2x_1.$$

Entsprechend ist die partielle Ableitung bzgl. x_2

$$f_{x_2}(x_1, x_2) = -3(x_2 - 5)^2.$$

Z.B. sind die partiellen Ableitungen von f an der Stelle $(2,6)^T$ gegeben durch

$$f_{x_1}(2,6) = 8 - 2 \cdot 2 = 4$$

und

$$f_{x_2}(2,6) = -3(6-5)^2 = -3.$$

Beispiel 13.2.5

Die partiellen Ableitungen der Funktion

$$f(x_1, x_2, x_3) = x_1^2 \sqrt{x_2} + e^{x_2 x_3} \quad \text{(mit } x_2 \geq 0\text{)}$$

sind

$$f_{x_1}(x_1,x_2,x_3) = 2x_1\sqrt{x_2},$$

$$f_{x_2}(x_1,x_2,x_3) = \frac{x_1^2}{2\sqrt{x_2}} + x_3 e^{x_2 x_3},$$

$$f_{x_3}(x_1,x_2,x_3) = x_2 e^{x_2 x_3}.$$

Übungsaufgabe 13.2.6

Bestimmen Sie die partiellen Ableitungen der Funktion

$$f(x_1,x_2,x_3) = \sin(x_1 x_2) + x_2^2 \sqrt{x_3} + x_1 e^{x_2}$$

für $x_3 \geq 0$, x_1, x_2 beliebig und der Funktion

$$f(x_1,x_2,x_3) = \frac{e^{x_1} x_3}{\sin x_2} + x_1^5 x_2 x_3^2$$

für $x_2 \neq z\pi$, $z \in \mathbb{Z}$ und x_1, x_3 beliebig.

Da sich die partiellen Ableitungen als Ableitungen eindimensionaler Funktionen auffassen lassen, erhält man aus den Differentiationsregeln in Abschnitt 11.2 unmittelbar die im folgenden zusammengefaßten Regeln.

Bemerkung 13.2.7

Vorausgesetzt, daß die Funktionen f und g in $\mathbf{x} = (x_1,\ldots,x_n)^T$ partiell differenzierbar sind, gilt für $k = 1,\ldots,n$

i) $\quad \dfrac{\partial}{\partial x_k}(cf(\mathbf{x})) = c\dfrac{\partial f(\mathbf{x})}{\partial x_k} \quad$ (mit $c \in \mathbb{R}$)

ii) $\quad \dfrac{\partial}{\partial x_k}(f(\mathbf{x}) + g(\mathbf{x})) = \dfrac{\partial f(\mathbf{x})}{\partial x_k} + \dfrac{\partial g(\mathbf{x})}{\partial x_k}$

iii) $\quad \dfrac{\partial}{\partial x_k}(f(\mathbf{x}) \cdot g(\mathbf{x})) = \dfrac{\partial f(\mathbf{x})}{\partial x_k} \cdot g(\mathbf{x}) + f(\mathbf{x}) \cdot \dfrac{\partial g(\mathbf{x})}{\partial x_k}$

13.2 Partielle Ableitungen

iv) $\quad \dfrac{\partial}{\partial x_k}\left(\dfrac{f(\mathbf{x})}{g(\mathbf{x})}\right) = \dfrac{\dfrac{\partial f(\mathbf{x})}{\partial x_k} \cdot g(\mathbf{x}) - f(\mathbf{x}) \cdot \dfrac{\partial g(\mathbf{x})}{\partial x_k}}{(g(\mathbf{x}))^2} \quad$ (mit $g(\mathbf{x}) \neq 0$)

Beispiel 13.2.8

Anwendung von Bemerkung 13.2.7 iii) ergibt

$$\frac{\partial}{\partial x_1}((x_1+x_2)\sin(x_1x_2)) = \frac{\partial}{\partial x_1}(x_1+x_2)\sin(x_1x_2) + (x_1+x_2)\frac{\partial}{\partial x_1}\sin(x_1x_2)$$

$$= \sin(x_1x_2) + (x_1+x_2)x_2\cos(x_1x_2).$$

Beispiel 13.2.9

Aus Bemerkung 13.2.7 iv) folgt

$$\frac{\partial}{\partial x_1}\left(\frac{x_1-x_2}{e^{x_1x_2}}\right) = \frac{\dfrac{\partial}{\partial x_1}(x_1-x_2)e^{x_1x_2} - (x_1-x_2)\dfrac{\partial}{\partial x_1}e^{x_1x_2}}{e^{2x_1x_2}}$$

$$= \frac{e^{x_1x_2} - (x_1-x_2)x_2 e^{x_1x_2}}{e^{2x_1x_2}}$$

$$= \frac{1+(x_2-x_1)x_2}{e^{x_1x_2}}.$$

Übungsaufgabe 13.2.10

Berechnen Sie mit Hilfe der Differentiationsregeln in Bemerkung 13.2.7 die partiellen Ableitungen der folgenden beiden Funktionen:

i) $\quad f(x_1,x_2) = \dfrac{\sin(x_1+x_2)}{e^{x_1x_2}},$

ii) $\quad f(x_1,x_2) = x_1 x_2 \ln(x_1+x_2) \quad$ (mit $x_1, x_2 > 0$).

Dabei bezeichnet $\ln x$ den natürlichen Logarithmus von x, d.h. den Logarithmus zur Basis $e \approx 2{,}718$.

Zur Formulierung von Relationen in der Differentialrechnung mehrerer Veränderlicher erweist es sich als zweckmäßig, die partiellen Ableitungen einer Funktion zu einem Vektor zusammenzufassen.

Definition 13.2.11

Für die Funktion $f(\mathbf{x})$ mit $\mathbf{x} = (x_1, \ldots, x_n)^T$ heißt der Vektor der Ableitungen

$$\mathbf{grad}\ f(\mathbf{x}) = (f_{x_1}(\mathbf{x}), \ldots, f_{x_n}(\mathbf{x}))^T$$

Gradient

der *Gradient* (oder der *Gradientenvektor*) von f. Gelegentlich wird auch die Schreibweise $\nabla f(\mathbf{x})$ (lies: Nabla) anstelle von $\mathbf{grad}\ f(\mathbf{x})$ benutzt.

Beispiel 13.2.12

Der Gradient der Funktion f im Beispiel 13.2.5 ist

$$\mathbf{grad}\ f(\mathbf{x}) = (2x_1\sqrt{x_2}, \frac{x_1^2}{\sqrt{x_2}} + x_3 e^{x_2 x_3}, x_2 e^{x_2 x_3})^T.$$

Übungsaufgabe 13.2.13

Bestimmen Sie die Gradienten der Funktionen in Übungsaufgabe 13.2.6.

Bemerkung 13.2.14

i) Die Richtung des Vektors $\mathbf{grad}\ f(\mathbf{x})$ läßt sich anschaulich als die Richtung des steilsten Anstiegs der Funktion f interpretieren, wenn man vom Punkt $\mathbf{x}$ ausgeht. Zur Illustration betrachten wir die Funktion f in Beispiel 13.1.11. Man erhält

$$\mathbf{grad}\ f(x_1, x_2) = (-2(x_1 - 5), -2(x_2 - 5))^T = (10 - 2x_1, 10 - 2x_2)^T,$$

woraus insbesondere $\mathbf{grad}\ f(4,4) = (2,2)^T$ folgt. Der Vektor $(2,2)^T$ ist im Punkt $(4,4)$ in die Isohöhenliniendarstellung der Funktion f eingetragen (vgl. Abbildung 13.2.15). Er weist offenbar in die Richtung des steilsten Anstiegs von f, da er senkrecht auf der Isohöhenlinie durch den Punkt $(4,4)^T$ steht.

ii) Die Länge des Vektors $\mathbf{grad}\ f(\mathbf{x})$ läßt sich als Maß für die Stärke des Anstiegs der Funktion f in Richtung des Gradienten auffassen. Diese Überlegung führt zum Begriff der *Richtungsableitung*, der im Rahmen dieses Lehrtextes nicht weiter vertieft werden soll.

Richtungsableitung

13.2 Partielle Ableitungen

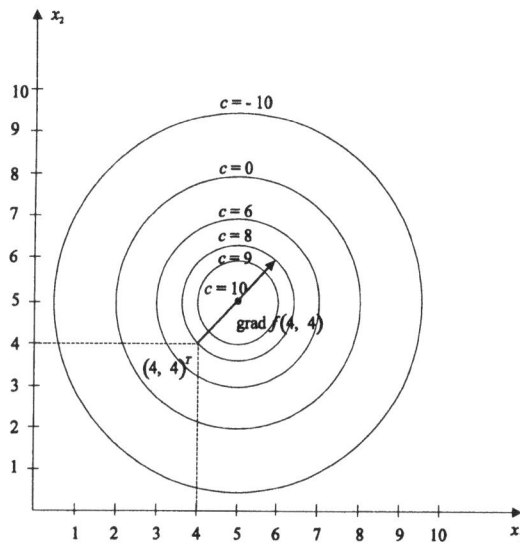

Abb. 13.2.15: Gradient der Funktion f aus Beispiel 13.1.11 im Punkt $(4,4)^T$

Die folgende Regel ist insbesondere für die Charakterisierung homogener Funktionen (vgl. Definition 13.1.22) von Bedeutung.

Verallgemeinerte Kettenregel

Es sei $f: D_f \to R$ eine stetig partiell differenzierbare Funktion ($D_f \subset R^n$).

Ferner seien $g_1, \ldots, g_n$ auf dem reellen Intervall $[a,b]$ ($a < b$) stetig differenzierbare Funktionen mit $(g_1(t), \ldots, g_n(t))^T \in D_f$ für alle $t \in [a,b]$.

Für die Ableitung der Funktion $F: [a,b] \to R$ mit

$$F(t) := f(g_1(t), \ldots, g_n(t))$$

gilt dann

$$F'(t) = \mathbf{grad}^T f(g_1(t), \ldots, g_n(t)) \cdot \begin{pmatrix} g_1'(t) \\ \cdot \\ \cdot \\ g_n'(t) \end{pmatrix} \quad (13.2.02)$$

$$= \sum_{i=1}^n f_{x_i}(g_1(t), \ldots, g_n(t)) \cdot g_i'(t).$$

Offensichtlich erhält man aus (13.2.02) für $n = 1$ die Kettenregel für eindimensionale Funktionen (vgl. Abschnitt 11.2).

Beispiel 13.2.16

Es sei
$$f(x_1, x_2) = x_1^2 x_2 + \sin x_2$$
$$g_1(t) = e^t$$
$$g_2(t) = t^2$$

Der Gradient von f ist

$$\mathbf{grad}\, f(x_1, x_2) = (2x_1 x_2, x_1^2 + \cos x_2)^T. \tag{13.2.03}$$

Die „zusammengesetzte" Funktion $F(t)$ hat die Form

$$\begin{aligned} F(t) &= f(g_1(t), g_2(t)) \\ &= (g_1(t))^2 g_2(t) + \sin(g_2(t)) \\ &= e^{2t} t^2 + \sin(t^2). \end{aligned} \tag{13.2.04}$$

Für ihre Ableitung $F'(t)$ ergibt sich nach der verallgemeinerten Kettenregel (vgl. (13.2.03))

$$\begin{aligned} F'(t) &= \mathbf{grad}^T f(g_1(t), g_2(t)) \cdot \begin{pmatrix} g_1'(t) \\ g_2'(t) \end{pmatrix} \\ &= (2 e^t t^2, e^{2t} + \cos(t^2)) \cdot \begin{pmatrix} e^t \\ 2t \end{pmatrix} \\ &= 2 e^{2t} t^2 + 2t e^{2t} + 2t \cos(t^2) \\ &= 2t(t e^{2t} + e^{2t} + \cos(t^2)). \end{aligned}$$

Übungsaufgabe 13.2.17

Bestätigen Sie das Resultat im obigen Beispiel, indem Sie die Funktion

$$F(t) = e^{2t} t^2 + \sin(t^2)$$

(vgl. 13.2.04) direkt mit Hilfe der Differentiationsregeln für eindimensionale Funktionen ableiten.

13.2 Partielle Ableitungen

Übungsaufgabe 13.2.18

Es sei

$f(x_1, x_2) = x_1 e^{x_1 + x_2},$
$g_1(t) = t^3 + 5,$
$g_2(t) = t^2 - t.$

Berechnen Sie die Ableitung der Funktion

$F(t) = f(g_1(t), g_2(t))$
$= (t^3 + 5) e^{t^3 + 5 + t^2 - t}$

mit Hilfe der verallgemeinerten Kettenregel, und machen Sie die Kontrolle durch direktes Ableiten wie in Übungsaufgabe 13.2.17.

Als eine für die Ökonomie wichtige Anwendung der Kettenregel erhält man die folgende *Eulersche Homogenitätsrelation*.

Eulersche Homogenitätsrelation

Satz 13.2.19

Eine stetig partiell differenzierbare Funktion $f: D_f \to R$ ($D_f \subset R^n$) ist genau dann homogen vom Grade α, wenn

$$\text{grad}^T f(x_1, \dots, x_n) \cdot \begin{pmatrix} x_1 \\ \vdots \\ x_n \end{pmatrix} = \alpha f(x_1, \dots, x_n) \qquad (13.2.05)$$

für alle $(x_1, \dots, x_n)^T \in D_f$ gilt.

Um den Nutzen der Kettenregel für den Beweis dieses Resultats zu demonstrieren, zeigen wir die wesentlichen Schritte einer Beweisrichtung auf:

Ist f homogen vom Grade α, so gilt

$f(\lambda \mathbf{x}) = \lambda^\alpha f(\mathbf{x})$

($\mathbf{x} \in D_f$, $\lambda > 0$). Durch Ableiten beider Seiten nach λ folgt unter Verwendung der verallgemeinerten Kettenregel

$\text{grad}^T f(\lambda \mathbf{x}) \cdot \mathbf{x} = \alpha \lambda^{\alpha - 1} f(\mathbf{x}).$

Setzt man darin $\lambda = 1$, so ergibt sich

$$\mathbf{grad}^T f(\mathbf{x}) \cdot \mathbf{x} = \alpha f(\mathbf{x}),$$

d.h. es gilt (13.2.05).

Für die Bestimmung von Extrema bei Funktionen mehrerer Veränderlicher (vgl. Kapitel 14) werden auch höhere partielle Ableitungen benötigt.

Definition 13.2.20

zweimal partiell differenzierbar

Es sei $f: D_f \to R$ $(D_f \subset R^n)$ eine partiell differenzierbare Funktion. Sind deren partielle Ableitungen $f_{x_1}, \ldots, f_{x_n}$ ebenfalls partiell differenzierbar, so heißt f *zweimal partiell differenzierbar*. Die Funktionen

$$f_{x_i x_j}(\mathbf{x}) = (f_{x_i})_{x_j}(\mathbf{x})$$

zweite partielle Ableitung

zweimal stetig partiell differenzierbar

mit $\mathbf{x} = (x_1, \ldots, x_n)^T$ und $1 \leq i, j \leq n$ heißen die *zweiten partiellen Ableitungen* von f. Sind alle ersten und zweiten partiellen Ableitungen stetig, so heißt f *zweimal stetig partiell differenzierbar*.

Anstelle von $f_{x_i x_j}(\mathbf{x}^{(o)})$ an einer bestimmten Stelle $\mathbf{x}^{(o)}$ schreibt man auch häufig

$$\left.\frac{\partial^2 f(\mathbf{x})}{\partial x_i \partial x_j}\right|_{\mathbf{x}=\mathbf{x}^{(o)}} \quad \text{oder} \quad \left.\frac{\partial^2 f}{\partial x_i \partial x_j}\right|_{\mathbf{x}^{(o)}}.$$

Beispiel 13.2.21

Die Funktion

$$f(x_1, x_2) = x_1^2 x_2 + e^{x_1 + 2x_2}$$

hat die ersten partiellen Ableitungen

$$f_{x_1}(x_1, x_2) = 2x_1 x_2 + e^{x_1 + 2x_2} \tag{13.2.06}$$

und

$$f_{x_2}(x_1, x_2) = x_1^2 + 2e^{x_1 + 2x_2}. \tag{13.2.07}$$

Durch partielles Ableiten von (13.2.06) nach x_1 bzw. x_2 erhält man

13.2 Partielle Ableitungen

$$f_{x_1 x_1}(x_1, x_2) = 2x_2 + e^{x_1 + 2x_2} \qquad (13.2.08)$$

und

$$f_{x_1 x_2}(x_1, x_2) = 2x_1 + 2e^{x_1 + 2x_2}. \qquad (13.2.09)$$

Die partiellen Ableitungen von (13.2.07) sind

$$f_{x_2 x_1}(x_1, x_2) = 2x_1 + 2e^{x_1 + 2x_2} \qquad (13.2.10)$$

und

$$f_{x_2 x_2}(x_1, x_2) = 4e^{x_1 + 2x_2}. \qquad (13.2.11)$$

Übungsaufgabe 13.2.22

Ermitteln Sie die ersten und zweiten partiellen Ableitungen der Funktion

$$f(x_1, x_2) = \sin(x_1 + x_2) + x_1^3 x_2^2.$$

Bemerkung 13.2.23

i) Ist eine Funktion $f: D_f \to \mathbf{R}$ $(D_f \subset \mathbf{R}^n)$ wie im obigen Beispiel zweimal stetig differenzierbar, so sind die zweiten partiellen Ableitungen von der Reihenfolge der Differentiation unabhängig, d.h. es gilt

$$f_{x_i x_j}(\mathbf{x}) = f_{x_j x_i}(\mathbf{x})$$

für alle $\mathbf{x} = (x_1, ..., x_n)^T \in D_f$ und alle $i, j = 1, ..., n$ (vgl. (13.2.09) und (13.2.10)).

ii) Offensichtlich lassen sich in Verallgemeinerung der Definition 13.2.20 auch k-te partielle Ableitungen ($k \in \mathbf{N}$) einführen. Im Falle der Stetigkeit aller k-ten partiellen Ableitungen sind auch diese von der Differentiationsreihenfolge unabhängig.

Definition 13.2.24

Es sei f eine zweimal partiell differenzierbare Funktion. Die Matrix der zweiten partiellen Ableitungen

$$Hf(\mathbf{x}) := \begin{pmatrix} f_{x_1 x_1}(\mathbf{x}) & \cdots & f_{x_1 x_n}(\mathbf{x}) \\ \vdots & & \vdots \\ f_{x_n x_1}(\mathbf{x}) & \cdots & f_{x_n x_n}(\mathbf{x}) \end{pmatrix}$$

Hesse-Matrix   heißt die *Hesse-Matrix* von f (im Punkt $\mathbf{x} = (x_1, \ldots, x_n)^T$).

Beispiel 13.2.25

Die Hesse-Matrix der Funktion f im Beispiel 13.2.21 ist

$$Hf(\mathbf{x}) = \begin{pmatrix} 2x_2 + e^{x_1 + 2x_2}, & 2x_1 + 2e^{x_1 + 2x_2} \\ 2x_1 + 2e^{x_1 + 2x_2}, & 4e^{x_1 + 2x_2} \end{pmatrix}.$$

Übungsaufgabe 13.2.26

i) Bestimmen Sie die Hesse-Matrix der Funktion

$$f(x_1, x_2) = sin(x_1 x_2) + x_1 e^{x_2}.$$

ii) Unter welchen Differenzierbarkeitsvoraussetzungen für eine Funktion f ist die Hesse-Matrix Hf symmetrisch?

13.3 Der Begriff des totalen Differentials

Im vorangegangenen Abschnitt haben wir uns mit den partiellen Ableitungen mehrdimensionaler Funktionen beschäftigt und bereits Beispiele für mathematische sowie ökonomische Anwendungen (vgl. die Kettenregel (13.2.02) bzw. Satz 13.2.19) aufgezeigt. Dennoch läßt sich die Problematik der „Differenzierbarkeit mehrdimensionaler Funktionen" anhand des Begriffs der partiellen Ableitung nicht erschöpfend abhandeln. Aus theoretischer Sicht bleibt die Frage unbeantwortet, was nun unter *der* Ableitung einer n-dimensionalen Funktion in einem Punkt $\mathbf{x}^{(o)}$ des Definitionsbereichs zu verstehen ist. Der in diesem Abschnitt eingeführte Begriff des totalen Differentials ist geeignet, diese Lücke zu schließen (vgl. Bemerkung 13.3.5). Anwendungsmöglichkeiten des totalen Differentials werden abschließend in Form einer allgemeinen Näherungsformel zur Berechnung der Werte mehrdimensionaler Funktionen aufgezeigt (vgl. (13.3.11)).

13.3 Der Begriff des totalen Differentials

Um einen „Ableitungsbegriff mehrdimensionaler Funktionen" zu erarbeiten, sei zunächst an den entsprechenden Begriff bei eindimensionalen Funktionen erinnert (vgl. Definition 11.1.4):

Man sagt, daß eine Funktion $f: D_f \to \mathbf{R}$ ($D_f \subset \mathbf{R}$) in einem Punkt $x_0 \in D_f$ differenzierbar ist, wenn der Grenzwert

$$\lim_{x \to x_0} \frac{f(x)-f(x_0)}{x-x_0} \qquad (13.3.01)$$

existiert, wobei (13.3.01) die Ableitung von f in x_0 heißt und mit $f'(x_0)$ bezeichnet wird. Eine Verallgemeinerung des Ausdrucks (13.3.01) auf den mehrdimensionalen Fall, indem man die reellen Variablen x und x_0 durch Vektoren $\mathbf{x}$ und $\mathbf{x}^{(0)}$ ersetzt, ist aus trivialen Gründen ausgeschlossen, da die „Division durch einen Vektor $(\mathbf{x} - \mathbf{x}^{(0)})$" nicht definiert ist. Allerdings läßt sich (13.3.01) in eine äquivalente, verallgemeinerungsfähige Form überführen.

Wenn die eindimensionale Funktion f in $x_0 \in D_f$ differenzierbar ist, gilt offenbar

$$\lim_{x \to x_0} \left(\frac{f(x)-f(x_0)}{x-x_0} - f'(x_0) \right) = 0. \qquad (13.3.02)$$

Durch einfache Umformung des Klammerausdrucks in (13.3.02) ergibt sich die äquivalente Beziehung

$$\lim_{x \to x_0} \frac{f(x)-f(x_0)-a(x-x_0)}{x-x_0} = 0 \qquad (13.3.03)$$

mit $a = f'(x_0)$.

Man kann also folgendes sagen:

Die Funktion $f: D_f \to \mathbf{R}$ ($D_f \subset \mathbf{R}$) ist genau dann differenzierbar im Punkt $x_0 \in D_f$, wenn eine reelle Zahl $a \in \mathbf{R}$ existiert, für die der Grenzwert (13.3.03) existiert. (Die Zahl a wird dann mit $f'(x_0)$ bezeichnet und „Ableitung von f in x_0" genannt).

Die (affin) lineare Funktion

$$a(x-x_0) = f'(x_0)(x-x_0) \qquad (13.3.04)$$

wird in Abbildung 13.3.1 geometrisch veranschaulicht.

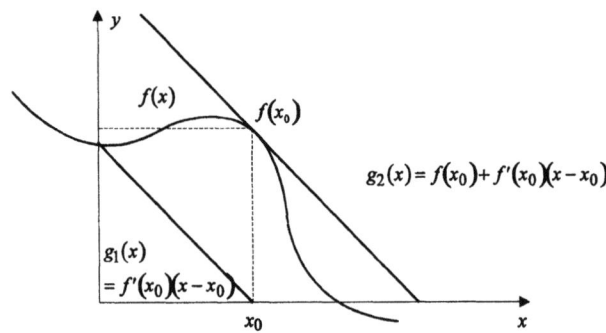

Abb. 13.3.1: Das Differential einer eindimensionalen Funktion f

Der Graph der Funktion (13.3.04) ist offenbar eine Gerade g_1 durch den Punkt $(x_0, 0)^T$, deren Steigung mit der Steigung des Graphen von f im Punkt $(x_0, f(x_0))^T$ übereinstimmt. Parallel dazu verläuft die Tangente g_2 von f im Punkt $(x_0, f(x_0))^T$ mit der Funktionsgleichung

$$g_2(x) = f(x_0) + f'(x_0)(x - x_0).$$

Differential

Die (affin) lineare Funktion, die das Steigungsverhalten der Funktion f an der Stelle x_0 repräsentiert, heißt das *Differential* der Funktion f im Punkt x_0 und wird in der mathematischen Fachliteratur auch mit df bezeichnet: $df = f'(x_0)(x - x_0)$. Da speziell für die Identität $id(x) = x$ das Differential $d\,id = dx = id'(x_0)(x - x_0) = 1 \cdot (x - x_0)$ gilt, ist auch die Schreibweise $df = f'(x_0)\,dx$ korrekt. $\dfrac{df}{dx} = f'(x_0)$ heißt konsequenterweise Differentialquotient.

Wir sind nun in der Lage, einen verallgemeinerten Differenzierbarkeitsbegriff einzuführen:

Definition 13.3.2

(total) differenzierbar

Eine n-dimensionale Funktion $f\colon D_f \to R$ ($D_f \subset R^n$) heißt an der Stelle $\mathbf{x}^{(o)} \in D_f$ *(total) differenzierbar*, wenn ein Vektor $\mathbf{a} \in R^n$ existiert, so daß

$$\lim_{\mathbf{x} \to \mathbf{x}^{(o)}} \frac{f(\mathbf{x}) - f(\mathbf{x}^{(o)}) - \mathbf{a}^T(\mathbf{x} - \mathbf{x}^{(o)})}{\|\mathbf{x} - \mathbf{x}^{(o)}\|} = 0 \qquad (13.3.05)$$

gilt ($\|\mathbf{z}\| = \sqrt{z_1^2 + \ldots + z_n^2}$ bezeichnet dabei die Norm des Vektors $\mathbf{z} = (z_1, \ldots, z_n)^T \in R^n$).

13.3 Der Begriff des totalen Differentials

Man kann (13.3.05) als eine Verallgemeinerung von (13.3.03) auffassen.

Mit Hilfe der einseitigen Grenzwerte der Quotienten in (13.3.03) bzw. in (13.3.05) für $\mathbf{x} \to \mathbf{x}^{(o)}$ kann man insbesondere zeigen, daß (13.3.05) für $n = 1$ zu (13.3.03) äquivalent ist.

Der Zusammenhang der obigen Definition mit der partiellen Differenzierbarkeit wird durch den folgenden Satz hergestellt.

Satz 13.3.3

Es sei $f: D_f \to R$ ($D_f \subset R^n$) eine n-dimensionale Funktion und $\mathbf{x}^{(o)} \in D_f$.

Dann gilt

i) f ist genau dann total differenzierbar in $\mathbf{x}^{(o)}$, wenn f stetig partiell differenzierbar in $\mathbf{x}^{(o)}$ ist (vgl. Definition 13.2.1).

ii) Wenn f total differenzierbar in $\mathbf{x}^{(o)}$ ist, so ist der Vektor $\mathbf{a}$ in Definition 13.3.2 eindeutig bestimmt, und es gilt

$$\mathbf{a} = \operatorname{grad} f(\mathbf{x}^{(o)}).$$

Das totale Differential von f in $\mathbf{x}^{(o)}$ ist nun die zum Vektor $\mathbf{a}$ gehörige (affin) lineare Funktion $\mathbf{a}^T (\mathbf{x} - \mathbf{x}^{(o)})$ in (13.3.05).

Definition 13.3.4

Die zu einer mehrdimensionalen Funktion f gehörige (affin) lineare Funktion

$$\begin{aligned} df := \operatorname{grad}^T f(\mathbf{x}^{(o)})(\mathbf{x} - \mathbf{x}^{(o)}) \\ = (f_{x_1}(\mathbf{x}^{(o)}), \ldots, f_{x_n}(\mathbf{x}^{(o)})) \cdot \begin{pmatrix} x_1 - x_1^{(o)} \\ \vdots \\ x_n - x_n^{(o)} \end{pmatrix} \\ = \sum_{i=1}^n f_{x_i}(\mathbf{x}^{(o)})(x_i - x_i^{(o)}) \end{aligned} \qquad (13.3.06)$$

heißt das *totale* (oder das *vollständige*) *Differential* von f im Punkt $\mathbf{x}^{(o)}$.   *totales Differential*

Häufig verwendet man auch die Schreibweisen

$$df = f_{x_1}(\mathbf{x}^{(o)})dx_1 + \ldots + f_{x_n}(\mathbf{x}^{(o)})dx_n$$

oder

$$df = \frac{\partial f}{\partial x_1}\bigg|_{(\mathbf{x}^{(o)})}dx_1 + \ldots + \frac{\partial f}{\partial x_n}\bigg|_{(\mathbf{x}^{(o)})}dx_n$$

für das totale Differential. Diese Schreibweise entspricht der bei eindimensionalen Funktionen, da $dx_i = id'(x_i)(x_i - x_i^o) = 1 \cdot (x_i - x_i^o)$ jeweils das Differential der Identität ist.

Bemerkung 13.3.5

i) Das totale Differential repräsentiert also eine Verallgemeinerung des Differenzierbarkeitsbegriffs auf mehrdimensionale Funktionen.

Im Fall $n = 1$ ist es mit dem oben für eindimensionale Funktionen eingeführten Differential identisch, da (13.3.06) dann die Form

$$\begin{aligned}df &= f_x(x_0)(x - x_0) \\ &= f'(x_0)(x - x_0)\end{aligned}$$

hat (vgl. Abb. 13.3.1).

Für $n = 2$ ist der Graph des totalen Differentials in (13.3.06) eine Ebene durch den Ursprung des Koordinatensystems im $\mathbf{R}^3$, deren „Steigungsverhalten" mit dem der *Tangentialebene* zum Graphen von f im Punkt $(\mathbf{x}^{(o)}, f(\mathbf{x}^{(o)}))^T$ übereinstimmt (vgl. Beispiel 13.3.6); d.h. der Graph des totalen Differentials ist parallel zu dieser Tangentialebene.

ii) Wegen Bemerkung 13.1.5 (vgl. auch Beispiel 13.1.9 und Übungsaufgabe 13.1.11) steht der Graph des totalen Differentials (vgl. (13.3.06)) senkrecht auf dem Vektor

$$(\mathbf{grad}\,f(\mathbf{x}^{(o)}), -1)^T = (f_{x_1}(\mathbf{x}^{(o)}), \ldots, f_{x_n}(\mathbf{x}^{(o)}), -1)^T.$$

iii) Die Tangentialebene selbst ist der Graph der Funktion

$$\begin{aligned}t(\mathbf{x}) &= f(\mathbf{x}^{(o)}) + df \\ &= f(\mathbf{x}^{(o)}) + \mathbf{grad}^T f(\mathbf{x}^{(o)})(\mathbf{x} - \mathbf{x}^{(o)})\end{aligned} \qquad (13.3.07)$$

(vgl. auch Abb. 13.3.1).

Beispiel 13.3.6

Ein Ellipsoid mit den Achsenabschnitten 2, 3 und 1 ist gegeben durch die Gleichung

$$\frac{x_1^2}{2^2}+\frac{x_2^2}{3^2}+\frac{x_3^2}{1^2}=1 \quad \text{bzw.}$$

$$x_3 = \pm\sqrt{1-\frac{x_1^2}{4}-\frac{x_2^2}{9}}. \tag{13.3.08}$$

Beschränkt man sich auf den Halbraum mit nichtnegativen x_3-Werten, so läßt sich die Lösungsmenge von (13.3.08) als der Graph der Funktion

$$f(x_1,x_2) = \pm\sqrt{1-\frac{x_1^2}{4}-\frac{x_2^2}{9}} \tag{13.3.09}$$

auffassen (vgl. Abb. 13.3.7).

Wir wollen das totale Differential von f im Punkt $\mathbf{x}^{(o)} = (x_1^{(o)}, x_2^{(o)})^T = (1,2)^T$ bestimmen. Man erhält

$$f_{x_1}(x_1^{(o)}, x_2^{(o)}) = \frac{-\frac{1}{4}\cdot 2x_1^{(o)}}{2\sqrt{1-\frac{x_1^{(o)2}}{4}-\frac{x_2^{(o)2}}{9}}}$$

$$= -\frac{1}{4}\cdot\frac{1}{\sqrt{1-\frac{1^2}{4}-\frac{2^2}{9}}}$$

$$= \frac{-3}{2\sqrt{11}} \approx -0{,}452$$

und analog

$$f_{x_2}(x_1^{(o)}, x_2^{(o)}) = \frac{-\frac{1}{9}\cdot 2x_2^{(o)}}{2\sqrt{1-\frac{x_1^{(o)2}}{4}-\frac{x_2^{(o)2}}{9}}}$$

$$= \frac{-4}{3\sqrt{11}} \approx -0{,}402.$$

Das totale Differential von f im Punkt $\mathbf{x}^{(o)} = (1,2)^T$ ist also (vgl. (13.3.06)

$$df = f_{x_1}(\mathbf{x}^{(o)})(x_1-x_1^{(o)}) + f_{x_2}(\mathbf{x}^{(o)})(x_2-x_2^{(o)})$$

$$= \frac{-3}{2\sqrt{11}}(x_1-1) - \frac{4}{3\sqrt{11}}(x_2-2)$$

$$= \frac{25}{6\sqrt{11}} - \frac{3}{2\sqrt{11}}x_1 - \frac{4}{3\sqrt{11}}x_2.$$

Die Tangentialebene von f im Punkt $(\mathbf{x}^{(o)}, f(\mathbf{x}^{(o)})^T = \left(1, 2, \dfrac{\sqrt{11}}{6}\right)^T$ ist der Graph der Funktion (vgl. Abb. 13.3.7)

$$\begin{aligned} t(\mathbf{x}) &= f(\mathbf{x}^{(o)}) + df \\ &= \dfrac{\sqrt{11}}{6} + df \\ &= \dfrac{\sqrt{11}}{6} + \dfrac{25}{6\sqrt{11}} - \dfrac{3}{2\sqrt{11}} x_1 - \dfrac{4}{3\sqrt{11}} x_2 \\ &= \dfrac{1}{\sqrt{11}} (6 - \dfrac{3}{2} x_1 - \dfrac{4}{3} x_2). \end{aligned} \qquad (13.3.10)$$

Der Graph des totalen Differentials sowie die Tangentialebene stehen senkrecht auf dem Vektor

$$(\mathbf{grad}\, f(1,2), -1)^T = \left(\dfrac{-3}{2\sqrt{11}}, \dfrac{-4}{3\sqrt{11}}, -1\right)^T$$

(vgl. Bemerkung 13.3.5).

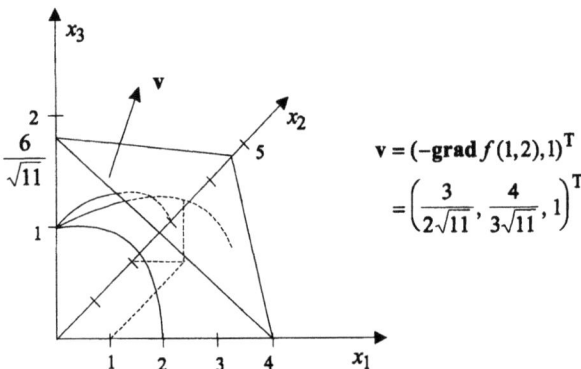

$\mathbf{v} = (-\mathbf{grad}\, f(1,2), 1)^T$
$= \left(\dfrac{3}{2\sqrt{11}}, \dfrac{4}{3\sqrt{11}}, 1\right)^T$

Abb. 13.3.7: Der Graph der Funktion f in (13.3.09) und die Tangentialebene im Punkt $\left(1, 2, \dfrac{\sqrt{11}}{6}\right)^T$.

Im folgenden sei $f\colon D_f \to \mathbf{R}$ ($D_f \subset \mathbf{R}^n$) eine in $\mathbf{x}^{(o)}$ total differenzierbare Funktion ($\mathbf{x}^{(o)} \in D_f$, vgl. Satz 13.3.3 i)). Aufgrund der geometrischen Anschauung im Fall $n = 2$ ist klar, daß in einer „hinreichend kleinen" Umgebung von $\mathbf{x}^{(o)}$ die Funktionswerte von f näherungsweise mit denen der Tangentialebene zum Graphen von f im Punkt $(\mathbf{x}^{(o)}, f(\mathbf{x}^{(o)}))^T$ übereinstimmen.

13.3 Der Begriff des totalen Differentials

Allgemein läßt sich mit Hilfe des totalen Differentials die folgende Näherungsformel formulieren:

Näherungsformel

> In einer Umgebung von $\mathbf{x}^{(o)}$ gilt (vgl. (13.3.07))
>
> $$f(\mathbf{x}) \approx t(\mathbf{x}) = f(\mathbf{x}^{(o)}) + \mathrm{d}f$$
> $$= f(\mathbf{x}^{(o)}) + \mathbf{grad}^T f(\mathbf{x}^{(o)})(\mathbf{x} - \mathbf{x}^{(o)}). \qquad (13.3.11)$$

Die „Güte" der obigen Näherungsformel hängt sowohl von der Größe der Umgebung als auch vom „Krümmungsverhalten" des Graphen von f im Punkt $(\mathbf{x}^{(o)}, f(\mathbf{x}^{(o)}))^T$ ab.

Es sind Verbesserungen dieser Formel möglich, indem man auch höhere partielle Ableitungen in (13.3.11) mit einbezieht. Diese Überlegungen führen zum sog. *Taylorpolynom* für mehrdimensionale Funktionen, dessen Behandlung jedoch den Rahmen des vorliegenden Lehrtextes sprengen würde.

Übungsaufgabe 13.3.8

Testen Sie die Güte der Näherungsformel (13.3.11) für die Funktion f in (13.3.09) mit $\mathbf{x}^{(o)} = (1, 2)^T$, indem Sie sowohl die Funktionswerte $f(x_1, x_2)$ als auch die Näherungswerte

$$t(x_1, x_2) = \frac{1}{\sqrt{11}}(6 - \frac{3}{2}x_1 - \frac{4}{3}x_2)$$

(vgl. (13.3.10)) für alle x_1, x_2-Kombinationen berechnen mit

- x_1 von 0.8 bis 1.2 und
- x_2 von 1.8 bis 2.2

(Schrittweite jeweils 0.1).

Bestimmen Sie jeweils auch den relativen Fehler

$$\frac{|f(x_1, x_2) - t(x_1, x_2)|}{f(x_1, x_2)}.$$

Im ökonomischen Sachzusammenhang wird die Näherungsformel (13.3.11) auch zur Herleitung der sogenannten *Grenzrate der Substitution* verwendet.

Grenzrate der Substitution

Isoquanten

Isohöhenlinien einer mehrdimensionalen Funktion haben Sie bereits in Abschnitt 13.1 kennengelernt. In den Wirtschaftswissenschaften heißen diese Linien auch oft *Isoquanten*; insbesondere dann, wenn die abhängige Variable Quantitäten bzw. Mengen beschreibt. Zu einem festen $\mathbf{x}^{(o)}$ ist also $f(\mathbf{x}^{(o)}) = f(x_1,\ldots,x_n)$ die Gleichung für die Werte aller unabhängigen Variablen, die die gleiche Menge – Isoquante – wie $f(\mathbf{x}^{(o)})$ liefern.

Die Grenzraten der Substitution sind nun die Tauschraten unabhängiger Variabler „entlang der gleichen Isoquante". Für zwei unabhängige Variable stellen wir die Beziehung genauer dar.

Da nach (13.3.11) $t(\mathbf{x}) \approx f(\mathbf{x})$ eine gute Näherung ist, kann man die Forderung „entlang der gleichen Isoquante" durch folgende Gleichung ausdrücken:

$$f(\mathbf{x}^{(o)}) \stackrel{!}{=} t(\mathbf{x}) = f(\mathbf{x}^{(o)}) + \mathbf{grad}^T f(\mathbf{x}^{(o)})(\mathbf{x} - \mathbf{x}^{(o)}). \qquad (13.3.12)$$

Das aber ist äquivalent zu

$$0 \stackrel{!}{=} \mathbf{grad}^T f(\mathbf{x}^{(o)})(\mathbf{x} - \mathbf{x}^{(o)})$$

bzw. in anderer Schreibweise

$$0 \stackrel{!}{=} \left.\frac{\partial f}{\partial x_1}\right|_{(\mathbf{x}^{(o)})} dx_1 + \ldots + \left.\frac{\partial f}{\partial x_n}\right|_{(\mathbf{x}^{(o)})} dx_n. \qquad (13.3.13)$$

Der Ökonom will nun oft die Änderung eines dx_k in Abhängigkeit eines dx_l errechnen und die übrigen $dx_i = 0$ für $i \neq k, l$ festhalten; er nennt dies „ceteris paribus". Aus (13.3.13) erhält man dann

$$0 \stackrel{!}{=} 0 + \ldots + 0 + \left.\frac{\partial f}{\partial x_k}\right|_{(\mathbf{x}^{(o)})} dx_k + 0 + \ldots + 0 + \left.\frac{\partial f}{\partial x_l}\right|_{(\mathbf{x}^{(o)})} dx_l + 0 + \ldots + 0.$$

Hieraus löst man auf zu

$$\frac{dx_k}{dx_l} = -\frac{\left.\frac{\partial f}{\partial x_l}\right|_{(\mathbf{x}^{(o)})}}{\left.\frac{\partial f}{\partial x_k}\right|_{(\mathbf{x}^{(o)})}}. \qquad (13.3.14)$$

$\dfrac{dx_k}{dx_l}$ heißt die *Grenzrate der Substitution* der Variablen x_k durch x_l an der Stelle $\mathbf{x}^{(o)}$.

13.4 Änderungsraten und Elastizitäten

Beispiel 13.3.9

$f(x_1, x_2) = 5x_1^{1/2} \cdot x_2^{1/2}$ ist eine Produktionsfunktion vom Typ Cobb-Douglas. Zu berechnen sei die Grenzrate der Substitution der Variablen x_1 durch x_2 an der Stelle $\mathbf{x}^{(o)} = \begin{pmatrix} 5 \\ 7 \end{pmatrix}$.

Nach (13.3.14) gilt

$$\frac{dx_1}{dx_2} = -\frac{\frac{5}{2} x_1^{1/2} \cdot x_2^{-1/2} \Big|_{(\mathbf{x}^{(o)})}}{\frac{5}{2} x_1^{-1/2} \cdot x_2^{1/2} \Big|_{(\mathbf{x}^{(o)})}} = \frac{x_1}{x_2}\Big|_{(\mathbf{x}^{(o)})} = \frac{5}{7}.$$

Die folgende Abbildung 13.3.10 trägt zum geometrischen Verständnis des bisher Gesagten bei. Dargestellt ist die Isoquante der Produktionsfunktion des Beispiels 13.3.9 durch $\mathbf{x}^{(o)} = \begin{pmatrix} 5 \\ 7 \end{pmatrix}$ und $-\dfrac{dx_1}{dx_2}$ sowie $\dfrac{\partial f}{\partial x_2} \Big/ \dfrac{\partial f}{\partial x_1}$ an dieser Stelle. Vollziehen Sie in der Abbildung die Gleichung (13.3.14) nach!

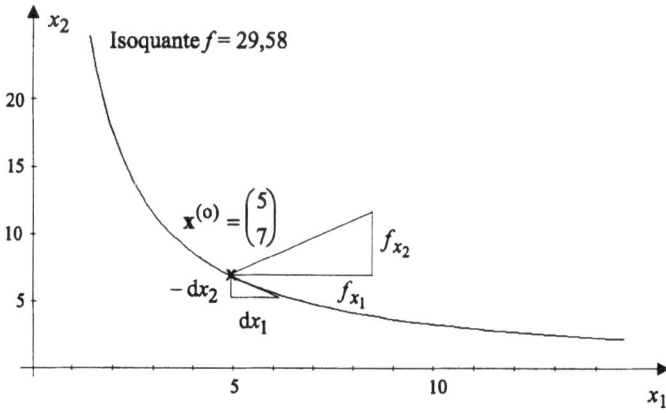

Abb. 13.3.10: Grenzrate der Substitution für die Cobb-Douglas Funktion $f(x_1, x_2) = 5\sqrt{x_1 x_2}$ an der Stelle $\mathbf{x}^{(o)}$

13.4 Änderungsraten und Elastizitäten

Der in Abschnitt 11.1 eingeführte Ableitungsbegriff repräsentiert ein Maß für die relative Änderung einer eindimensionalen Funktion an einer gegebenen Stelle des Definitionsbereichs. Wenn f eine Funktion in der Variablen x ist, so gibt die Zahl

$$f'(x_0) = \lim_{\Delta x \to 0} \frac{\Delta y}{\Delta x}$$

$$(\Delta y = f(x_0 + \Delta x) - f(x_0))$$

also an, wie groß an der Stelle x_0 die Änderung der Funktionswerte Δy im Verhältnis zur Änderung der Argumente Δx ist.

Dieser Ableitungsbegriff ist für viele mathematische Anwendungen von großem Nutzen. Er ist jedoch nicht gut geeignet, um das Änderungsverhalten ökonomischer Funktionen zu vergleichen, wenn jeweils verschiedene Maßeinheiten für die Variablen zugrunde gelegt sind. Für diesen Zweck sind die sog. Änderungsraten und Elastizitäten nützlicher, die in diesem Abschnitt zunächst für eindimensionale Funktionen eingeführt werden. Eine Erweiterung der Begriffe auf mehrdimensionale Funktionen erfolgt in Abschnitt 13.5. Die Problematik wird anhand der Nachfragefunktionen im folgenden Beispiel verdeutlicht.

Beispiel 13.4.1

Die auf einen Planungszeitraum bezogene (hypothetische) Nachfrage nach Autobenzin in Deutschland sei wie folgt vom Preis abhängig:

$$N_1 = N_1(p_1) = 10 - \frac{5}{2} p_1, \qquad (13.4.01)$$

wobei p_1 den Preis in DM und N_1 die Nachfrage in Millionen Litern angibt.

Wenn man den Zusammenhang amerikanischen Lesern vermitteln wollte, würde man den Preis in $ und die Nachfrage in Gallonen angeben.

Im folgenden soll von einem Umrechnungskurs von

$$1\$ = 1{,}50 \text{ DM} \qquad (13.4.02)$$

und der Näherungsformel

$$1 \text{ Gallone} = 4 \text{ Liter} \qquad (13.4.03)$$

ausgegangen werden.

Wenn p_2 den Preis in $ und N_2 die Nachfragemenge in Millonen Gallonen bezeichnet, gilt also

$$p_1 = \frac{3}{2} p_2 \qquad (13.4.04)$$

13.4 Änderungsraten und Elastizitäten

und

$$N_1 = 4N_2. \tag{13.4.05}$$

Setzt man die rechten Seiten dieser Gleichungen anstelle von N_1 und p_1 in die Preis-Nachfrage-Relation (13.4.01) ein, so ergibt sich die äquivalente Darstellung

$$N_2 = N_2(p_2) = \frac{1}{4}\left(10 - \frac{5}{2} \cdot \frac{3}{2} p_2\right)$$
$$= \frac{5}{2} - \frac{15}{16} p_2. \tag{13.4.06}$$

Da man für die Ableitungen von N_1 und N_2 die unterschiedlichen Ergebnisse

$$N_1'(p_1) = -\frac{5}{2} \tag{13.4.07}$$

und

$$N_2'(p_2) = -\frac{15}{16} \tag{13.4.08}$$

erhält, sind diese nicht geeignet, um das Änderungsverhalten der Nachfragefunktionen N_1 und N_2 zu vergleichen. Ökonomisch sinnvoller ist es bereits, die relativen Nachfrageänderungen bzgl. des Preises

$$\frac{\frac{dN_1(p_1)}{N_1(p_1)}}{dp_1} = \frac{dN_1(p_1)}{dp_1 N_1(p_1)} = \frac{N_1'(p_1)}{N_1(p_1)} \tag{13.4.09}$$

bzw.

$$\frac{\frac{dN_2(p_2)}{N_2(p_2)}}{dp_2} = \frac{dN_2(p_2)}{dp_2 N_2(p_2)} = \frac{N_2'(p_2)}{N_2(p_2)} \tag{13.4.10}$$

zu betrachten. Dabei sind dN_1, dN_2, dp_1, dp_2 als „sehr kleine" Änderungen der Nachfragen bzw. der Preise zu verstehen, und zwischen p_1 und p_2 muß die Relation (13.4.04) erfüllt sein. Z.B. kann man $p_1 = 15$ und $p_2 = 10$ setzen. Dann gilt (vgl. (13.4.07), (13.4.08))

$$\frac{N_1'(p_1)}{N_1(p_1)} = \frac{-\frac{5}{2}}{10 - \frac{5}{2} \cdot 15} = \frac{1}{11}$$

bzw.

$$\frac{N_2'(p_2)}{N_2(p_2)} = \frac{\frac{1}{4}\left(-\frac{5}{2} \cdot \frac{3}{2}\right)}{\frac{1}{4}\left(10 - \frac{5}{2} \cdot \frac{3}{2} \cdot 10\right)} = \frac{-\frac{5}{2}}{10 - \frac{5}{2} \cdot \frac{3}{2} \cdot 10} \cdot \frac{3}{2} = \frac{1}{11} \cdot \frac{3}{2} = \frac{3}{22}.$$

Die Werte in (13.4.09) und (13.4.10) sind bereits unabhängig von der Wahl der Maßeinheiten für die nachgefragten Mengen (hier: Liter und Gallonen). Gewissermaßen lassen sich die Quotienten

$$\frac{dN_i(p_i)}{N_i(p_i)}$$

in (13.4.09) und (13.4.10) durch die Maßeinheiten „kürzen". Um eine Kenngröße zu erhalten, die auch von den Maßeinheiten für die Preise unabhängig ist, ersetzt man noch die Preisänderungen dp_i in (13.4.09) und (13.4.10) jeweils durch die relative Preisänderung $\dfrac{dp_i}{p_i}$. Dies führt zu den Quotienten

$$\frac{\frac{dN_1(p_1)}{N_1(p_1)}}{\frac{dp_1}{p_1}} = \frac{dN_1(p_1)}{dp_1} \cdot \frac{p_1}{N_1(p_1)} = \frac{N_1'(p_1)p_1}{N_1(p_1)} \tag{13.4.11}$$

bzw.

$$\frac{\frac{dN_2(p_2)}{N_2(p_2)}}{\frac{dp_2}{p_2}} = \frac{dN_2(p_2)}{dp_2} \cdot \frac{p_2}{N_2(p_2)} = \frac{N_2'(p_2)p_2}{N_2(p_2)}, \tag{13.4.12}$$

die die relativen Nachfrageänderungen im Verhältnis zu den relativen Preisänderungen darstellen.

Setzt man wieder die Werte $p_1 = 15$ und $p_2 = 10$ ein, so erhält man übereinstimmende Ergebnisse:

$$\frac{N_1'(p_1)p_1}{N_1(p_1)} = \frac{1}{11} \cdot 15 = \frac{15}{11},$$

$$\frac{N_2'(p_2)p_2}{N_2(p_2)} = \frac{3}{22} \cdot 10 = \frac{15}{11}.$$

Motiviert durch die obigen Größen (13.4.09) – (13.4.12) werden die folgenden Begriffe eingeführt.

Definition 13.4.2

Es sei $f: D_f \to R$ ($D_f \subset R$) eine differenzierbare Funktion. Die auf der Menge $\{x \in D_f \mid f(x) \neq 0\}$ definierten Funktionen Af und Ef mit

13.4 Änderungsraten und Elastizitäten

$$Af(x) := \frac{f'(x)}{f(x)}$$

und

$$Ef(x) := \frac{xf'(x)}{f(x)} = xAf(x)$$

heißen die *(relative) Änderungsrate* von f bzw. die *Elastizität* von f. Die Funktion f heißt *elastisch* bzw. *unelastisch* im Punkt x, wenn $|Ef(x)|>1$ bzw. $|Ef(x)|<1$ gilt. Im Fall $|Ef(x)|=1$ heißt f *proportional-elastisch*.

(relative) Änderungsrate Elastizität

(un)elastisch, proportional-elastisch

Die Begriffe sollen zunächst an einigen ökonomischen und formal-rechnerischen Beispielen erläutert werden.

Beispiel 13.4.3

i) Für die Nachfragefunktionen in Beispiel 13.4.1 (vgl. (13.4.01) und (13.4.06)) erhält man für die Änderungsraten und Elastizitäten:

$$AN_1(p_1) = \frac{-\frac{5}{2}}{10 - \frac{5}{2}p_1} = \frac{1}{p_1 - 4},$$

$$AN_2(p_2) = \frac{-\frac{15}{16}}{\frac{5}{2} - \frac{15}{16}p_2} = \frac{1}{p_2 - \frac{8}{3}},$$

$$EN_1(p_1) = p_1 AN_1(p_1) = \frac{p_1}{p_1 - 4},$$

$$EN_2(p_2) = p_2 AN_2(p_2) = \frac{p_2}{p_2 - \frac{8}{3}}.$$

ii) Es soll untersucht werden, für welche Preise die Nachfragefunktionen N_1 und N_2 elastisch bzw. unelastisch sind.

- Da N_1 monoton fallend mit $N_1(4) = 0$ ist, kann man $0 \leq p_1 \leq 4$ voraussetzen. Somit gilt

$$|EN_1(p_1)| = \left|\frac{p_1}{p_1 - 4}\right| = \frac{p_1}{4 - p_1} > 1$$

$$\Leftrightarrow p_1 > 4 - p_1 \Leftrightarrow p_1 > 2.$$

Die Nachfrage N_1 ist also elastisch für Preise über 2 DM (bzw. Nachfragemengen von über 5 Millionen Liter) und entsprechend unelastisch für Preise unter 2 DM.

- Analog zeigt man, daß die Nachfragefunktion N_2 elastisch für Preise über $\frac{4}{3}$ \$ (= 2 DM) und unelastisch für Preise unter $\frac{4}{3}$ \$ ist.

Bei Preisen über 2 DM (unter 2 DM) hat eine 1%-ige Preiserhöhung also jeweils einen Nachfragerückgang von mehr als 1% (weniger als 1%) zur Folge.

Übungsaufgabe 13.4.4

Zeigen Sie, daß die Elastizitäten EN_1 und EN_2 im obigen Beispiel für gleiche Preise übereinstimmen. Beachten Sie dabei, daß ein Preis p_1 (in DM) gleich einem Preis p_2 (in \$) ist, wenn $p_1 = \frac{3}{2} p_2$ gilt (vgl. (13.4.04)). Es ist also die Beziehung

$$EN_1\left(\frac{3}{2} p_2\right) = EN_2(p_2)$$

nachzuweisen.

Beispiel 13.4.5

Die Nachfrage nach HIFI-Geräten sei wie folgt vom Stückpreis p (in DM) abhängig:

$$N(p) = 18 - \frac{p^2}{2}.$$

Der Erlös in Abhängigkeit vom Preis ist folglich

$$R(p) = pN(p) = 18p - \frac{p^3}{2}.$$

Die Elastizitäten der Nachfrage bzw. des Erlöses sind dann

$$EN(p) = \frac{pN'(p)}{N(p)} = \frac{-p^2}{18 - \frac{p^2}{2}} = \frac{2p^2}{p^2 - 36}$$

und

$$ER(p) = \frac{pR'(p)}{R(p)} = \frac{p(18 - \frac{3}{2}p^2)}{18p - \frac{p^3}{2}} = \frac{3p^2 - 36}{p^2 - 36} = 1 + EN(p).$$

13.4 Änderungsraten und Elastizitäten

Beispiel 13.4.6

Für
$$f(x) = ax^2 + bx + c$$
und
$$g(x) = ae^{bx}$$

erhält man die folgenden Änderungsraten und Elastizitäten:

$$Af(x) = \frac{2ax+b}{ax^2+bx+c},$$

$$Ag(x) = \frac{bae^{bx}}{ae^{bx}} = b,$$

$$Ef(x) = xAf(x) = \frac{2ax^2+bx}{ax^2+bx+c},$$

$$Eg(x) = xAg(x) = bx.$$

Übungsaufgabe 13.4.7

Bestimmen Sie die Änderungsraten und Elastizitäten für die folgenden Funktionen:

i) $f(x) = \sqrt{x}$, $x > 0$,

ii) $f(x) = \cos x$, $x \neq \frac{\pi}{2} + z\pi$, $z \in \mathbb{Z}$,

iii) $f(x) = \ln x$, $x > 0, x \neq 1$.

Zur graphischen Darstellung von Änderungsrate bzw. Elastizität sind das *halblogarithmische* bzw. das *logarithmische Koordinatensystem* besser geeignet als das linear unterteilte Koordinatensystem, bei dem der Achsenabstand zweier x-Werte bzw. y-Werte jeweils proportional zu ihrer Differenz ist.

logarithmisches Koordinatensystem

Beim halblogarithmischen Koordinatensystem ist die x-Achse linear und die y-Achse logarithmisch unterteilt, d.h. der Achsenabstand zweier y-Werte ist proportional zur Differenz ihrer Logarithmen (vgl. Abb. 13.4.8 i); z.B. stimmen die Abstände zwischen $y = 1$ und $y = e$ bzw. zwischen $y = e$ und $y = e^2$ überein, da $\ln e^2 - \ln e = 2 - 1 = \ln e - \ln 1 = 1 - 0$ gilt). Beim logarithmischen Koordinatensystem sind entsprechend beide Achsen logarithmisch unterteilt (Abb. 13.4.8 ii)).

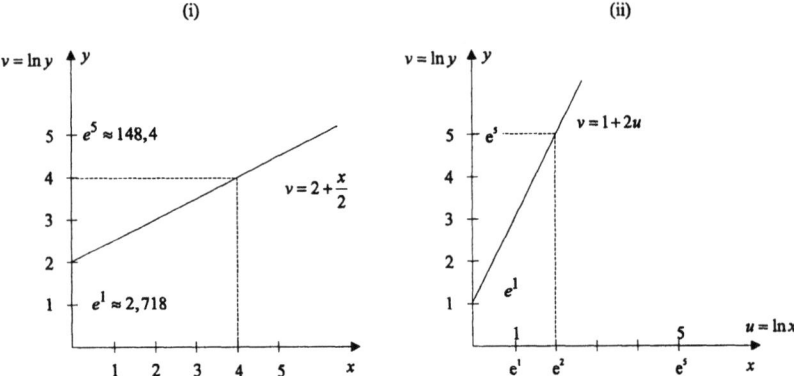

Abb. 13.4.8: Halblogarithmisches i) und logarithmisches ii) Koordinatensystem

In die obige Abbildung i) ist der Graph der Funktion

$$y = f(x) = e^2 \cdot e^{\frac{x}{2}} \approx 7{,}389 \cdot e^{\frac{x}{2}} \tag{13.4.13}$$

logarithmische Koordinate eingetragen. Er stellt eine Gerade dar, da für die sog. *logarithmische Koordinate* $v = \ln y$ die Beziehung

$$v = \ln y = 2 + \frac{x}{2}$$

gilt. Abb. 13.4.8 ii) enthält den Graphen der Funktion

$$y = f(x) = ex^2 \approx 2{,}718 x^2. \tag{13.4.14}$$

Stellt man diesen Zusammenhang mit Hilfe der logarithmischen Koordinaten u und v dar, so ergibt sich die Beziehung

$$e^v = e(e^u)^2 = e^{1+2u}.$$

Logarithmieren beider Seiten führt zu

$$v = 1 + 2u.$$

Der Graph der Funktion (13.4.14) ist im logarithmischen Koordinatensystem ebenfalls eine Gerade.

Der Zusammenhang zwischen der geometrischen Interpretation der Änderungsrate bzw. der Elastizität einer Funktion und der (halb-)logarithmischen Koordinatendarstellung wird nun durch den folgenden Satz und die anschließende Bemerkung hergestellt.

13.4 Änderungsraten und Elastizitäten

Satz 13.4.9

Für eine differenzierbare Funktion f gilt

i) $\dfrac{d}{dx}\left(ln|f(x)|\right) = \dfrac{f'(x)}{f(x)} = Af(x)$ (falls $f(x) \neq 0$),

ii) $\dfrac{d}{du} = \left(ln|f(e^u)|\right) = \dfrac{f'(e^u)}{f(e^u)}e^u = Ef(e^u)$ (falls $f(e^u) \neq 0$).

Den Ausdruck $\dfrac{d}{dx}\left(ln|f(x)|\right)$ nennt man auch die *logarithmische Ableitung* von f an der Stelle x. Die Aussage i) folgt für $f(x) > 0$ unmittelbar aus der Kettenregel und für $f(x) < 0$ folgt aus derselben Regel

logarithmische Ableitung

$$\dfrac{d}{dx}\left(ln|f(x)|\right) = \left(ln(-f(x))\right)' = \dfrac{-f'(x)}{-f(x)} = \dfrac{f'(x)}{f(x)}.$$

Teil ii) folgt aus Teil i), indem man die zu differenzierende Funktion in der Form $g \circ h$ mit $g(y) = ln|f(y)|$ und $y = h(u) = e^u$ darstellt.

Bemerkung 13.4.10

Es sei f eine differenzierbare Funktion mit $f(x) > 0$ für $x \in D_f$.

i) Stellt man f in einem halblogarithmischen Koordinatensystem dar (vgl. Abb. 13.4.8 i)), so ist die Änderungsrate von f an der Stelle x gleich der Steigung der Tangente im Punkt $(x, f(x))^T$ bzw. im Punkt $(x, v)^T$ mit $v = ln\,f(x)$ (falls man die Koordinate v anstelle von y wählt).

ii) Stellt man f in einem logarithmischen Koordinatensystem dar (wobei auch $D_f \subset \mathbf{R}_+$ gelte; vgl. Abb. 13.4.8 ii)), so entspricht die Elastizität von f an der Stelle x der Steigung der Tangente im Punkt $(x, f(x))^T$ bzw. im Punkt $(u, v)^T$ ($u = ln\,x$, $v = ln\,f(x)$).

Wir wollen die Aussage i) der obigen Bemerkung genauer begründen:

Wenn man f in einem halblogarithmischen Koordinatensystem darstellt, so ist der gegebene Graph gleichzeitig der Graph der Funktion

$v = ln\,f(x)$,

falls man die Koordinaten x und v anstelle von x und y benutzt.

Die Tangentensteigung im Punkt $(x, y)^T$ bzw. im Punkt $(x, v)^T$ ($y = f(x)$, $v = \ln y$) ist also $\dfrac{d}{dx}(\ln f(x))$, was nach Satz 13.4.9 i) mit der Änderungsrate von f an der Stelle x übereinstimmt. Analog folgt Teil ii) in Bemerkung 13.4.10 aus Satz 13.4.9 ii).

Übungsaufgabe 13.4.11

Stellen Sie die Funktion

$$f(x) = 6 \cdot x^{\frac{3}{2}}, \quad x > 0$$

in einem logarithmischen Koordinatensystem dar.

Berechnen Sie mit Hilfe von Definition 13.4.2 die Elastizität von f, und interpretieren Sie das Ergebnis im Hinblick auf die graphische Darstellung.

Ausgehend von den Differentiationsregeln in Abschnitt 11.2 erhält man Rechenregeln für die Änderungsrate und die Elastizität, die in den Sätzen 13.4.12 und 13.4.14 zusammengefaßt sind.

Satz 13.4.12

> **Es seien f und g differenzierbare Funktionen. Für die Änderungsraten zusammengesetzter Funktionen gilt dann**
>
> i) $\quad A(cf)(x) = Af(x), \quad c \in \mathbf{R},$
>
> ii) $\quad A(f+g)(x) = \dfrac{f(x)Af(x) + g(x)Ag(x)}{f(x) + g(x)} \quad (f(x) \neq -g(x)),$
>
> iii) $\quad A(f \cdot g)(x) = Af(x) + Ag(x),$
>
> iv) $\quad A(f \div g) = Af(x) - Ag(x).$

Der Nachweis dieser Aussagen ist schnell erbracht und bleibt dem Leser überlassen.

Aus dem vorstehenden Satz folgt zum Beispiel, daß die Änderungsrate einer Funktion gleich bleibt, wenn man sie mit einem konstanten Faktor multipliziert (vgl. i)). Die Änderungsrate des Produkts zweier Funktionen ist die Summe der Änderungsraten dieser Funktionen (vgl. iii)).

13.4 Änderungsraten und Elastizitäten

Beispiel 13.4.13

Die Änderungsrate der Funktion

$$h(x) = \frac{x^2}{e^x}$$

läßt sich mittels Satz 13.4.12 iv) berechnen, wenn man $f(x) = x^2$, $g(x) = e^x$ setzt:

$$Ah(x) = Af(x) - Ag(x)$$
$$= \frac{2x}{x^2} - \frac{e^x}{e^x}$$
$$= \frac{2}{x} - 1.$$

Aufgrund des Zusammenhangs $Ef(x) = xAf(x)$ ergeben sich für die Elastizitäten zu Satz 13.4.12 völlig analoge Beziehungen:

Satz 13.4.14

Es seien f und g differenzierbare Funktionen. Für die Elastititäten zusammengesetzter Funktionen gilt dann

i) $E(cf)(x) = Ef(x)$, $c \in \mathbf{R}$,

ii) $E(f+g)(x) = \dfrac{f(x)Ef(x) + g(x)Eg(x)}{f(x) + g(x)}$ $(f(x) \neq -g(x))$,

iii) $E(f \cdot g)(x) = Ef(x) + Eg(x)$,

iv) $E(f \div g) = Ef(x) - Eg(x)$.

v) Darüber hinaus gilt, falls f eine differenzierbare Umkehrfunktion besitzt:

$$E(f^{-1})(y) = \frac{1}{Ef(x)} \quad \text{mit } y := f(x).$$

Die Aussagen lassen sich wie in der Bemerkung nach Satz 13.4.12 interpretieren.

Beispiel 13.4.15

Die Elastizität der Funktion

$$h(x) = x^3 \sin x$$

soll berechnet werden. Für $f(x) = x^3$ und $g(x) = \sin x$ folgt aus Satz 13.4.14 iii)

$$Eh(x) = Ef(x) + Eg(x)$$

$$= \frac{x \cdot 3x^2}{x^3} + \frac{x \cos x}{\sin x}$$

$$= 3 + x \cot x.$$

Beispiel 13.4.16

Der Zusammenhang zwischen Nachfrage $N(p)$ und Erlös $R(p)$ ist gegeben durch

$$R(p) = pN(p),$$

wobei p den Preis bezeichnet (vgl. Beispiel 13.4.5). Mit Satz 13.4.14 iii) folgt daraus der folgende Zusammenhang zwischen der Elastizität des Erlöses und der Elastizität der Nachfrage:

$$ER(p) = E(id)(p) + EN(p) = 1 + EN(p).$$

Dabei bezeichnet $id(p) = p$ die Identität.

Die in Beispiel 13.4.5 hergeleitete Beziehung zwischen $ER(p)$ und $EN(p)$ gilt also allgemein.

Übungsaufgabe 13.4.17

Berechnung Sie mit Hilfe von Satz 13.4.14 die Elastizitäten der folgenden Funktionen:

i) $\quad h(x) = x^3 e^{2x}$,

ii) $\quad h(x) = \dfrac{e^{3x}}{\sqrt{x}} \quad$ mit $x > 0$.

Durchschnitts-funktion

allgemeine Amoroso-Robinson-Gleichung

Ein für die Ökonomie sehr wichtiger Zusammenhang zwischen der Elastizität $Ef(x)$, der *Durchschnittsfunktion* $\dfrac{f(x)}{x}$ und der Ableitung $f'(x)$ einer Funktion f ist schließlich die folgende *allgemeine Amoroso-Robinson-Gleichung*:

13.4 Änderungsraten und Elastizitäten

Satz 13.4.18

Es sei f eine differenzierbare Funktion, und $\bar{f}(x) := \dfrac{f(x)}{x}$ bezeichne die Durchschnittsfunktion von f. Dann gilt

$$f'(x) = \bar{f}(x)(1 + E\bar{f}(x)). \tag{13.4.15}$$

Die Gültigkeit dieser Beziehung ergibt sich aus Satz 13.4.14 iv). Danach gilt

$$E\bar{f}(x) = Ef(x) - E(id)(x)$$
$$\Rightarrow E\bar{f}(x) = Ef(x) - 1$$
$$\Rightarrow E\bar{f}(x) = \frac{xf'(x)}{f(x)} - 1,$$

wobei $id(x) = x$ wieder die Identität bezeichnet.

Löst man die letzte Gleichung nach $f'(x)$ auf, so folgt (13.4.15).

Ein besonders wichtiger Spezialfall von (13.4.15) ist im folgenden Beispiel aufgeführt.

Beispiel 13.4.19

Wie im Beispiel 13.4.16 sei N eine Nachfragefunktion und

$$q := N(p)$$

sei die zum Preis p gehörige Nachfragemenge. Es wird angenommen, daß N eine differenzierbare Umkehrfunktion N^{-1} besitzt. Der zur Nachfragemenge q gehörige Erlös ist dann

$$U(q) = qN^{-1}(q). \tag{13.4.16}$$

Wendet man die Formel (13.4.15) auf die Erlösfunktion U an, so ergibt sich

$$U'(q) = \bar{U}(q)(1 + E\bar{U}(q)). \tag{13.4.17}$$

Die Definition der Funktion U in (13.4.16) liefert unmittelbar

$$\bar{U}(q) = N^{-1}(q) = p, \tag{13.4.18}$$

woraus mit Satz 13.4.14 v)

$$E\overline{U}(q) = E(N^{-1})(q) = \frac{1}{EN(p)} \qquad (13.3.19)$$

folgt. Setzt man in (13.4.17) die rechts stehenden Ausdrücke in (13.4.18) und (13.4.19) ein, so ergibt sich

$$U'(q) = p\left(1 + \frac{1}{EN(p)}\right). \qquad (13.4.20)$$

spezielle Amoroso-Robinson-Gleichung

Dieser Zusammenhang zwischen der Ableitung der Erlösfunktion U (also dem Grenzerlös) und der sog. Preiselastizität der Nachfrage EN wird als *spezielle Amoroso-Robinson- Gleichung* bezeichnet.

13.5 Partielle Änderungsraten und Elastizitäten

Die im vorigen Abschnitt für eindimensionale Funktionen eingeführten Begriffe der Änderungsrate und der Elastizität lassen sich in naheliegender Weise auf mehrdimensionale Funktionen erweitern (vgl. Def. 13.4.2):

Definition 13.5.1

Es sei $f: D_f \to R$ ($D_f \subset R^n$) eine partiell differenzierbare Funktion. Die Funktionen

$$A_{x_k} f(\mathbf{x}) := \frac{f_{x_k}(\mathbf{x})}{f(\mathbf{x})}$$

und

$$E_{x_k} f(\mathbf{x}) := \frac{x_k f_{x_k}(\mathbf{x})}{f(\mathbf{x})} = x_k A_{x_k} f(\mathbf{x})$$

partielle Änderungsrate, partielle Elastizität

heißen die partielle Änderungsrate bzw. die partielle Elastizität von f bzgl. x_k.

Partielle Änderungsrate und partielle Elastizität geben also die Änderung einer mehrdimensionalen Funktion in dem Fall an, daß nur die Variable x_k verändert wird; dabei beschreibt $A_{x_k} f(\mathbf{x})$ die relative Änderung des Funktionswertes bzgl. der Änderung von x_k, und $E_{x_k} f(\mathbf{x})$ beschreibt die relative Änderung des Funktionswertes bzgl. der *relativen* Änderung von x_k (jeweils an der Stelle $\mathbf{x}$).

13.5 Partielle Änderungsraten und Elastizitäten

Beispiel 13.5.2

Es sei

$$f(x_1, x_2) = cx_1^3 x_2^5 \qquad (13.5.01)$$

mit $x_1, x_2, c > 0$ eine Produktionsfunktion von Cobb-Douglas-Typ. Für die partiellen Änderungsraten und Elastizitäten erhält man

$$A_{x_1} f(x_1, x_2) = \frac{f_{x_1}(x_1, x_2)}{f(x_1, x_2)}$$

$$= \frac{c \cdot 3 x_1^2 x_2^5}{c \cdot x_1^3 x_2^5} = \frac{3}{x_1},$$

$$A_{x_2} f(x_1, x_2) = \frac{f_{x_2}(x_1, x_2)}{f(x_1, x_2)}$$

$$= \frac{cx_1^3 \cdot 5 x_2^4}{c \cdot x_1^3 x_2^5} = \frac{5}{x_2},$$

$$E_{x_1} f(x_1, x_2) = x_1 A_{x_1} f(x_1, x_2) = 3,$$
$$E_{x_2} f(x_1, x_2) = x_2 A_{x_2} f(x_1, x_2) = 5.$$

Im vorstehenden Beispiel sind die partiellen Elastizitäten konstant und stimmen mit den Exponenten in (13.5.01) überein. Dieser Zusammenhang gilt allgemein für Funktionen vom Cobb-Douglas-Typ.

Beispiel 13.5.3

Die partiellen Änderungsraten und Elastizitäten der Funktion

$$f(x_1, x_2) = x_1 e^{x_1 + 2x_2}$$

sind

$$A_{x_1} f(x_1, x_2) = \frac{e^{x_1 + 2x_2} + x_1 e^{x_1 + 2x_2}}{x_1 e^{x_1 + 2x_2}}$$

$$= \frac{1 + x_1}{x_1},$$

$$A_{x_2} f(x_1, x_2) = \frac{x_1 \cdot 2 e^{x_1 + 2x_2}}{x_1 e^{x_1 + 2x_2}} = 2,$$

$$E_{x_1}f(x_1,x_2) = 1+x_1,$$
$$E_{x_2}f(x_1,x_2) = 2x_2.$$

Übungsaufgabe 13.5.4

Bestimmen Sie die partiellen Änderungsraten und Elastizitäten der Funktion

$$f(x_1,x_2) = \sqrt{x_1}\,e^{x_1+x_2^2}$$

für $x_1, x_2 \in \mathbf{R}$ mit $x_1 > 0$.

Für die partiellen Elastizitäten homogener Funktionen ergibt sich als unmittelbare Konsequenz der Eulerschen Homogenitätsrelation (vgl. Satz 13.2.19) der folgende Zusammenhang.

Satz 13.5.5

Eine stetig partiell differenzierbare Funktion $f: D_f \to \mathbf{R}$ ($D_f \subset \mathbf{R}^n$) ist genau dann homogen vom Grade α, wenn

$$E_{x_1}f(\mathbf{x}) + \ldots + E_{x_n}f(\mathbf{x}) = \alpha \qquad (13.5.02)$$

für alle $x = (x_1,\ldots,x_n)^{\mathrm{T}} \in D_f$ gilt.

Die Beziehung (13.5.02) erhält man offenbar, indem man Gleichung (13.2.05) durch $f(\mathbf{x})$ dividiert (vgl. auch Definition 13.2.11).

Abschließend wollen wir noch auf den Fall eingehen, daß zur Beschreibung eines ökonomischen Zusammenhangs mehrere Funktionen in n Variablen benötigt werden.

Definition 13.5.6

Es seien $f_1,\ldots,f_m$ **partiell differenzierbare reelle Funktionen mit übereinstimmenden Definitionsbereichen** $D = D_{f_1} = \ldots = D_{f_m} \subset \mathbf{R}^n$.

Die Matrix der partiellen Elastizitäten

13.5 Partielle Änderungsraten und Elastizitäten

$$E(\mathbf{x}) = \begin{pmatrix} E_{x_1} f_1(\mathbf{x}) & \cdots & E_{x_n} f_1(\mathbf{x}) \\ \vdots & \ddots & \vdots \\ E_{x_1} f_m(\mathbf{x}) & \cdots & E_{x_n} f_m(\mathbf{x}) \end{pmatrix}$$

heißt die *Elastizitätsmatrix* von $f_1, \ldots, f_m$.

Elastizitätsmatrix

Die ökonomische Bedeutung der Elastizitätsmatrix wird am folgenden Beispiel klar.

Beispiel 13.5.7

Ein Betrieb stellt die Güter G_1, G_2, G_3 her, die zu variablen Preisen p_1, p_2, p_3 auf dem Markt angeboten werden können. Der Zusammenhang zwischen den nachgefragten Mengen N_i und den Preisen p_i ist durch die Nachfragefunktionen

$$N_1(\mathbf{p}) = 5 p_1^{-3} e^{p_2},$$
$$N_2(\mathbf{p}) = 3 p_2^{-1} e^{-p_1 + p_3},$$
$$N_3(\mathbf{p}) = 2 e^{p_1 + p_2 + 2 p_3}$$

mit $\mathbf{p} = (p_1, p_2, p_3)^T$ beschrieben. Insbesondere ist die Nachfrage N_i nach dem Gut G_i jeweils auch von den Preisen der anderen Güter abhängig ($i = 1, 2, 3$).

Die Elastizität der Nachfragefunktion N_1 bzgl. des Preises p_1 ist z.B.

$$E_{p_1} N_1(\mathbf{p}) = \frac{p_1 \cdot 5(-3) p_1^{-4} e^{p_2}}{5 p_1^{-3} e^{p_2}} = -3,$$

und die Elastizität der Nachfragefunktion N_1 bzgl. des Preises p_2 lautet

$$E_{p_2} N_1(\mathbf{p}) = \frac{p_2 \cdot 5 p_1^{-3} e^{p_2}}{5 p_1^{-3} e^{p_2}} = p_2.$$

Analog berechnet man die weiteren partiellen Elastizitäten für alle i, j mit $1 \leq i, j \leq 3$. Die Elastizitätsmatrix ergibt sich also zu

$$E(\mathbf{p}) = \begin{pmatrix} E_{p_1} N_1(\mathbf{p}) & E_{p_2} N_1(\mathbf{p}) & E_{p_3} N_1(\mathbf{p}) \\ E_{p_1} N_2(\mathbf{p}) & E_{p_2} N_2(\mathbf{p}) & E_{p_3} N_2(\mathbf{p}) \\ E_{p_1} N_3(\mathbf{p}) & E_{p_2} N_3(\mathbf{p}) & E_{p_3} N_3(\mathbf{p}) \end{pmatrix} \quad (13.5.03)$$

$$= \begin{pmatrix} -3 & p_2 & 0 \\ -p_1 & -1 & p_3 \\ p_1 & p_2 & 2 p_3 \end{pmatrix}.$$

direkte Preiselastizität

Die Elastizitäten der Hauptdiagonalen in (13.5.03), also die partiellen Elastizitäten der Form $E_{p_i} N_i(\mathbf{p})$ für $i = 1,2,3$, heißen die *direkten Preiselastizitäten*. Sie geben an, wie groß die relative Nachfrageänderung nach dem Gut G_i im Verhältnis zur relativen Änderung des eigenen Preises p_i ist. Wegen $E_{p_1} N_1(\mathbf{p}) = -3 < 0$ wird z.B die Nachfrage nach G_1 geringer, wenn der eigene Preis p_1 dieses Gutes erhöht wird.

Kreuzelastizität

Die Nichtdiagonalelemente in (13.5.03), also die partiellen Elastizitäten der Form $E_{p_i} N_j(\mathbf{p})$ mit $1 \leq i, j \leq 3$ und $i \neq j$, heißen die *Kreuzelastizitäten*. Sie geben die relative Nachfrageänderung nach einem Gut im Verhältnis zur relativen Preisänderung eines anderen Gutes an.

- ist die Kreuzelastizität $E_{p_2} N_1(\mathbf{p}) = p_2$ wegen $p_2 > 0$ stets positiv, d.h. die Nachfrage nach dem Gut G_1 nimmt bei Erhöhung des Preises p_2 von G_2 zu. Bei Preiserhöhung von G_2 kann der Konsument also auf G_1 ausweichen, d.h. G_1 ist ein Substitut von G_2.

- Die Kreuzelastizität $E_{p_1} N_2(\mathbf{p}) = -p_1$ ist stets negativ, d.h. die Nachfrage nach dem Gut G_2 nimmt bei Erhöhung des Preises p_1 von G_1 ab. Das Gut G_2 wird also gemeinsam mit G_1 nachgefragt.

Schließlich ist die Kreuzelastizität $E_{p_3} N_1(\mathbf{p})$ gleich 0. Eine Änderung des Preises p_3 hat also keinen Einfluß auf die Nachfrage nach dem Gut G_1. Letzteres wird also unabhängig vom Preis von G_3 nachgefragt.

Kapitel 14
Extrema bei Funktionen mehrerer Variabler

Im Rahmen der Kurvendiskussion (vgl. Abschnitt 11.6) sind bereits Kriterien zur Bestimmung von Extrema bei eindimensionalen Funktionen vorgestellt worden. Im vorliegenden Kapitel werden diese Überlegungen auf n-dimensionale Funktionen verallgemeinert.

14.1 Grundbegriffe

Analog zu Kapitel 11 werden globale und lokale Extrema sowie Sattelpunkte definiert.

Definition 14.1.1

Es sei $f: D_f \to R$ $(D_f \subset R^n)$ eine Funktion, und $\mathbf{x}^{(o)} = (x_1^{(o)}, \ldots, x_n^{(o)})^T \in D_f$ sei ein Punkt.

i) Man sagt, daß f in $\mathbf{x}^{(o)}$ ein *globales Maximum* bzw. ein *globales Minimum* (bzgl. D_f) annimmt, falls 　　　*globales Maximum, globales Minimum*

$$f(\mathbf{x}^{(o)}) \geq f(\mathbf{x}) \qquad (14.1.01)$$

bzw.

$$f(\mathbf{x}^{(o)}) \leq f(\mathbf{x}) \qquad (14.1.02)$$

für alle $\mathbf{x} = (x_1, \ldots, x_n)^T \in D_f$ gilt.

Man spricht von einem *strikten globalen Maximum* bzw. *Minimum*, falls 　　　*striktes globales Maximum/Minimum*

$$f(\mathbf{x}^{(o)}) > f(\mathbf{x}) \qquad (14.1.03)$$

bzw.

$$f(\mathbf{x}^{(o)}) < f(\mathbf{x}) \qquad (14.1.04)$$

für alle $\mathbf{x} = (x_1, \ldots, x_n)^T \in D_f$ mit $\mathbf{x} \neq \mathbf{x}^{(o)}$ gilt.

ii) Falls eine „hinreichend kleine" ε-Umgebung $U_\varepsilon(\mathbf{x}^{(o)})$ von $\mathbf{x}^{(o)}$ existiert, so daß (14.1.01) bzw. (14.1.02) für alle x aus $U_\varepsilon(\mathbf{x}^{(o)}) \cap D_f$ gilt, so sagt man, daß f in $\mathbf{x}^{(o)}$ ein *lokales Maximum* bzw. *Minimum* annimmt.

lokales Maximum/Minimum
striktes lokales Maximum/Minimum

Analog zu i) heißt ein *lokales Maximum (Minimum)* ein *striktes lokales Maximum (Minimum)*, falls (14.1.03) bzw. (14.1.04) für alle x aus $U_\varepsilon(\mathbf{x}^{(o)}) \cap D_f$ mit $\mathbf{x} \neq \mathbf{x}^{(o)}$ gilt.

Extremum

Wenn nicht genauer spezifiziert wird, ob eine Funktion ein Maximum oder ein Minimum annimmt, so spricht man von einem *Extremum*. Ein Punkt des Definitionsbereichs, in dem eine Funktion f ein Extremum annimmt, heißt auch eine *Extremstelle* von f. Anstelle von lokalem und absolutem Extremum sind auch die Bezeichnungen *relatives* und *absolutes Extremum* geläufig.

Extremstelle
relatives, absolutes Extremum

Beispiel 14.1.2

Wir betrachten die Funktionen

$$f(x_1, x_2) = -2x_1^3 + 9x_1^2 - 12x_1 - x_2^2$$
$$= -2x_1\left((x_1 - \frac{9}{4})^2 + \frac{15}{16}\right) - x_2^2 \qquad (14.1.05)$$

für $x_1 \geq 0$ und $x_2 \in \mathbf{R}$ und

$$g(x_1, x_2) = x_1^2$$

für $x_1, x_2 \in \mathbf{R}$ (vgl. Abb. 14.1.3).

Am zweiten Term in (14.1.05) wird deutlich, daß f nur nichtpositive Werte annimmt. Wegen $f(\mathbf{x}^{(o)}) = 0$ nimmt f also im Punkt $\mathbf{x}^{(o)} = (0,0)^T$ ein globales Maximum bzgl. des Definitionsbereichs $\mathbf{R}_+ \times \mathbf{R}$ an. Da für $(x_1, x_2) \neq (0,0)$ alle Funktionswerte $f(x_1, x_2)$ negativ sind, ist dies ein striktes globales Maximum.

Ferner nimmt f im Punkt $\mathbf{x}^{(1)} = (2,0)^T$ ein striktes lokales Maximum an, da die eindimensionalen Funktionen (vgl. (14.1.05)) $-2x_1^3 + 9x_1^2 - 12x_1$ und $-x_2^2$ an den Stellen $x_1 = 2$ bzw. $x_2 = 0$ jeweils ein striktes lokales Maximum annehmen. Ausgehend vom Punkt $\mathbf{x}^{(1)}$ führen also sowohl Änderungen von x_1 als auch Änderungen von x_2 zu kleineren Funktionswerten.

14.1 Grundbegriffe

Die Funktion g nimmt im Punkt $\mathbf{x}^{(o)} = (0,0)^T$ offenbar ein globales Minimum an. Dies ist jedoch kein striktes Minimum, denn die Bedingung

$$0 = g(0,0) < g(x_1, x_2)$$

(vgl. (14.1.04)) ist in keiner „noch so kleinen" ε-Umgebung von $\mathbf{x}^{(o)}$ erfüllt, da für $0 < b < \varepsilon$ stets $g(0, b) = 0$ gilt.

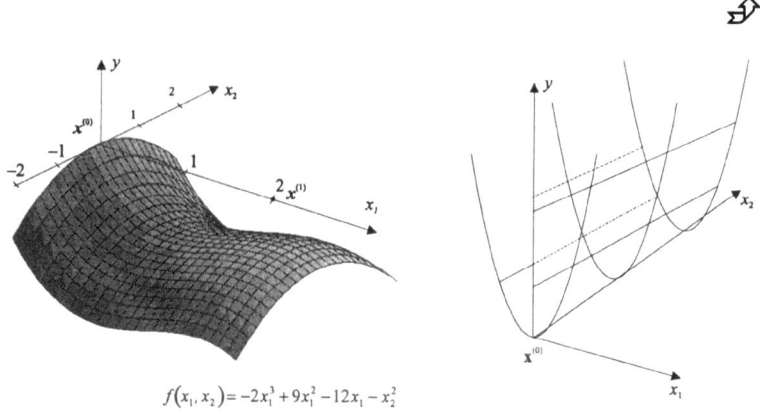

Abb. 14.1.3: Extrema der Funktionen in Beispiel 14.1.2

Bemerkung 14.1.4

i) Wir werden im folgenden nur lokale Extrema betrachten, die in einem *inneren Punkt* des Definitionsbereichs angenommen werden, d.h. in einem Punkt $\mathbf{x} \in D_f$, der der Bedingung $U_\varepsilon(\mathbf{x}) \subset D_f$ bei hinreichend kleinem ε genügt. *innerer Punkt*

ii) Wenn die globalen Extrema einer Funktion ermittelt werden sollen, so sind sie – falls solche existieren – unter den lokalen Extrema in inneren Punkten sowie unter den *Randpunkten* des Definitionsbereichs zu suchen. Dabei versteht man unter den Randpunkten alle Punkte aus D_f, die nicht innere Punkte von D_f sind. *Randpunkt*

Definition 14.1.5

Es sei $f: D_f \to R$ $(D_f \subset R^n)$ **eine partiell differenzierbare Funktion. Der innere Punkt**

$$\mathbf{x}^{(o)} = (x_1^{(o)}, \ldots, x_n^{(o)})^T \in D_f$$

kritischer Punkt   heißt ein *kritischer Punkt* von f, wenn

$$f_{x_i}(\mathbf{x}^{(o)}) = 0$$

für alle $i = 1, \ldots, n$ gilt bzw. – in Vektorschreibweise – wenn

$$\operatorname{grad} f(\mathbf{x}^{(o)}) = \mathbf{0}$$

gilt, wobei $\mathbf{0} \in R^n$ den Nullvektor bezeichnet.

Wenn $\mathbf{x}^{(o)}$ ein kritischer Punkt ist, so ist das totale Differential also die Nullfunktion

$$\begin{aligned} df &= \operatorname{grad}^T f(\mathbf{x}^{(o)})(\mathbf{x} - \mathbf{x}^{(o)}) \\ &= \mathbf{0}^T (\mathbf{x} - \mathbf{x}^{(o)}) = 0 \end{aligned}$$

(vgl. Definition 13.3.4). Im Fall $n = 2$ verläuft die Tangentialebene durch den Punkt $(\mathbf{x}^{(o)}, f(\mathbf{x}^{(o)}))^T$, also parallel zur x_1, x_2-Ebene.

Analog zum eindimensionalen Fall erhält man das folgende notwendige Kriterium für die Existenz eines Extremums.

Satz 14.1.6

Wenn eine partiell differenzierbare Funktion $f: D_f \to R$ ($D_f \subset R^n$) ein lokales Extremum im inneren Punkt $\mathbf{x}^{(o)} \in D_f$ besitzt, so ist $\mathbf{x}^{(o)}$ ein kritischer Punkt von f.

Wir verzichten auf einen formalen Beweis dieser anschaulich einsichtigen Aussage.

Definition 14.1.7

Sattelpunkt   Ein kritischer Punkt $\mathbf{x}^{(o)}$ von f heißt ein *Sattelpunkt* von f, wenn f in $\mathbf{x}^{(o)}$ kein Extremum annimmt.

Beispiel 14.1.8

Für die Funktion

$$f(x_1, x_2) = \frac{x_2^2}{3} - x_1^2 \tag{14.1.06}$$

14.1 Grundbegriffe

(vgl. Abb. 14.1.9) gilt

$$f_{x_1}(x_1, x_2) = -2x_1$$
$$f_{x_2}(x_1, x_2) = \frac{2}{3}x_2$$

und folglich

$$\mathbf{grad}\, f(0,0) = (0,0)^T.$$

Somit ist $\mathbf{x}^{(o)} = (0,0)^T$ ein kritischer Punkt von f mit $f(\mathbf{x}^{(o)}) = 0$. In einer beliebig kleinen Umgebung von $\mathbf{x}^{(o)}$ findet man sowohl ein Argument $\mathbf{x}^{(1)}$ mit positivem Funktionswert als auch ein $\mathbf{x}^{(2)}$ mit negativem Funktionswert. Man braucht dabei nur $\mathbf{x}^{(1)} = (0, a)^T$ und $\mathbf{x}^{(2)} = (b, 0)^T$ zu wählen, wobei a und b hinreichend kleine positive reelle Zahlen sind. Die Funktion f nimmt also kein Extremum in $\mathbf{x}^{(o)}$ an, d.h. $\mathbf{x}^{(o)}$ ist ein Sattelpunkt.

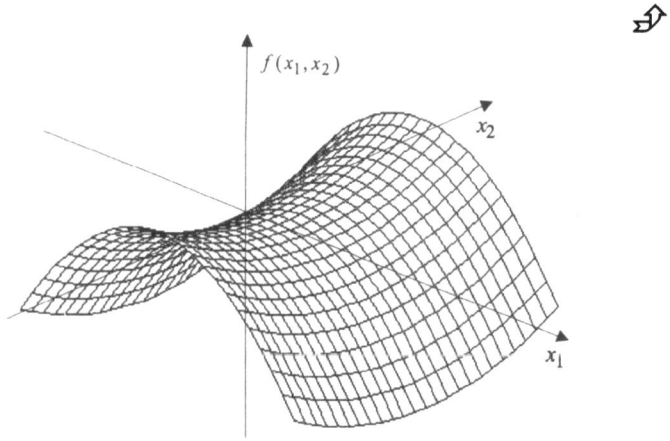

Abb. 14.1.9: Sattelpunkt der Funktion in (14.1.06)

An der obigen Abbildung wird auch die Herkunft des Begriffs „Sattelpunkt" deutlich, während diese Bezeichnung für „horizontale" Wendepunkte einer eindimensionalen Funktion (vgl. Abschnitt 11.5) möglicherweise etwas willkürlich anmutete.

Im folgenden werden Kriterien erarbeitet, aufgrund derer man die lokalen Extrema einer Funktion bestimmen kann. Diese können nach Satz 14.1.6 höchstens in kritischen Punkten vorliegen. Um entscheiden zu können, ob eine Funktion in einem gegebenen kritischen Punkt $\mathbf{x}^{(o)}$ tatsächlich ein lokales Extremum annimmt – oder ob es sich um einen Sattelpunkt handelt – muß das Krümmungsverhalten der

Funktion in einer Umgebung von $\mathbf{x}^{(o)}$ untersucht werden. Dies führt zur Thematik des folgenden Abschnitts.

14.2 Konvexität und Konkavität

Während bei den Graphen eindimensionaler Funktionen im Prinzip nur zwischen Links- und Rechtskrümmung des Graphen in Richtung zunehmender x-Werte zu unterscheiden ist, stellt sich das Krümmungsverhalten mehrdimensionaler Funktionsgraphen wesentlich komplexer dar.

Bereits im Fall $n = 2$ kann man – von einem Punkt $\mathbf{x}^{(o)}$ der Ebene ausgehend – Änderungen der Funktionswerte in „unendlich vielen" Richtungen verfolgen.

Mit Hilfe des Konvexitätsbegriffs, der für eindimensionale Funktionen bereits eingeführt worden ist (vgl. Abschnitt 11.5), läßt sich die im Hinblick auf die Extremabestimmung relevante Krümmungseigenschaft jedoch geeignet beschreiben.

Einen „natürlichen" Zugang zum Begriff der konvexen bzw. konkaven Funktionen erhält man über konvexe Mengen. Obwohl bereits in Abschnitt 8.2 der Linearen Algebra definiert, wiederholen wir hier:

Definition 14.2.1

konvexe Menge

Eine Teilmenge $M \subset R^n$ heißt *konvex*, wenn für je zwei Punkte $\mathbf{p}^{(1)}$, $\mathbf{p}^{(2)} \in M$ auch die Verbindungsstrecke

$$V\left(\mathbf{p}^{(1)}, \mathbf{p}^{(2)}\right) = \left\{\mathbf{p}^{(1)} + \lambda\left(\mathbf{p}^{(2)} - \mathbf{p}^{(1)}\right) \middle| 0 \le \lambda \le 1\right\}$$
$$= \left\{(1-\lambda)\mathbf{p}^{(1)} + \lambda\mathbf{p}^{(2)} \middle| 0 \le \lambda \le 1\right\}$$

in M liegt.

Beispiel 14.2.2

Die folgende Abbildung zeigt eine konvexe und eine nicht konvexe Menge im R^2. Für zwei beliebige Punkte $\mathbf{p}^{(1)}, \mathbf{p}^{(2)} \in M$ gilt offenbar $V(\mathbf{p}^{(1)}, \mathbf{p}^{(2)}) \subset M$, d.h. M ist konvex. Dagegen ist N nicht konvex, da die Verbindungsstrecke der eingezeichneten Punkte $\mathbf{p}^{(1)}, \mathbf{p}^{(2)}$ teilweise außerhalb von N verläuft.

14.2 Konvexität und Konkavität

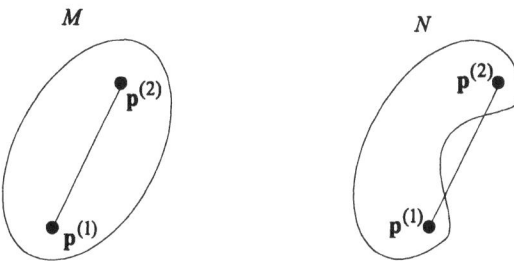

Abb. 14.2.3: Konvexe Menge *M* und nicht konvexe Menge *N* im R^2

Die Übertragung der Konvexität von Mengen auf die Konvexität/Konkavität von Funktionen erfolgt nun mittels zweier weiterer Definitionen.

Definition 14.2.4

Es sei $f: D_f \to R$ ($D_f \subset R^n$) eine *n*-dimensionale Funktion.

i) Die oberhalb (bzw. auf) dem Graphen von *f* liegende Punktmenge

$$\left\{(x, y)^T \in R^{n+1} \,\middle|\, x \in D_f \,;\, y \in R,\, y \geq f(x)\right\}$$

heißt der *Epigraph* von *f*.   *Epigraph*

ii) Die unterhalb (bzw. auf) dem Graphen von *f* liegende Punktmenge

$$\left\{(x, y)^T \in R^{n+1} \,\middle|\, x \in D_f \,;\, y \in R,\, y \leq f(x)\right\}$$

heißt der *Hypograph* von *f*.   *Hypograph*

Definition 14.2.5

Eine *n*-dimensionale Funktion $f: D_f \to R$ ($D_f \subset R^n$) heißt *konvex* (auf D_f),   *konvex, konkav*
wenn ihr Epigraph konvex ist und *konkav* (auf D_f), wenn ihr Hypograph konvex ist.

Beispiel 14.2.6

i) Die Funktion

$$f(x_1, x_2) = (x_1 - 3)^2 + (x_2 + 2)^2$$

ist konvex, da ihr Epigraph durch Rotation der Fläche oberhalb einer Parabel entsteht (vgl. Beispiel 13.1.11).

ii) Die Funktion (13.3.09) in Beispiel 13.3.6 ist konkav, da ihr Hypograph (vgl. Abb. 13.3.7) die „obere Hälfte" eines Ellipsoids darstellt und somit konvex ist.

Bemerkung 14.2.7

i) Die Definition 14.2.5 stimmt für $n = 1$ mit der in Abschnitt 11.5 gegebenen Definition der konvexen bzw. konkaven Funktion überein, denn eine eindimensionale Funktion ist genau dann konvex (konkav) im Sinne von Definition 14.2.5, wenn sie linksgekrümmt (rechtsgekrümmt) ist.

ii) Eine Funktion f kann höchstens dann konvex oder konkav sein, wenn ihr Definitionsbereich D_f konvex ist. (Überlegen Sie sich dies anhand eines Beispiels für eine zweidimensionale Funktion!)

iii) Es tritt häufig der Fall auf, daß eine Funktion nur auf einer Teilmenge D ihres Definitionsbereichs konvex (konkav) ist; z.B. ist $sin\, x$ für $x \in D_1 = [-\pi, 0]$ konvex und für $x \in D_2 = [0, \pi]$ konkav. Durch Einschränkung des Definitionsbereichs D_f auf D kann man diesen Fall aber leicht auf die formale Situation in Definition 14.2.5 zurückführen, wo f auf dem gesamten Definitionsbereich D_f konvex (konkav) ist.

Um den Begriff der streng konvexen bzw. streng konkaven Funktion einführen zu können, wird die Bedingung für die Konvexität (Konkavität) analog zu den Ausführungen in Abschnitt 11.5 zunächst umformuliert:

Eine n-dimensionale Funktion ist genau dann konvex (konkav), wenn für je zwei Punkte $\mathbf{p}^{(1)} = (\mathbf{x}^{(1)}, f(\mathbf{x}^{(1)}))^T$ und $\mathbf{p}^{(2)} = (\mathbf{x}^{(2)}, f(\mathbf{x}^{(2)}))^T$ ihres Graphen die Verbindungsstrecke $V(\mathbf{p}^{(1)}, \mathbf{p}^{(2)})$ eine Teilmenge des Epigraphen (Hypographen) ist, d.h. daß diese Strecke gänzlich oberhalb bzw. auf (unterhalb bzw. auf) dem Graphen von f verläuft. Es besteht also der folgende Zusammenhang.

Bemerkung 14.2.8

Es sei $f: D_f \to \mathbf{R}$ ($D_f \subset \mathbf{R}^n$) eine n-dimensionale Funktion.

i) f ist genau dann konvex, wenn für je zwei Punkte $\mathbf{x}^{(1)}, \mathbf{x}^{(2)} \in D_f$ die Bedingung

$$f((1-\lambda)\mathbf{x}^{(1)} + \lambda \mathbf{x}^{(2)}) \leq (1-\lambda) f(\mathbf{x}^{(1)}) + \lambda f(\mathbf{x}^{(2)}) \qquad (14.2.01)$$

für alle λ mit $0 \leq \lambda \leq 1$ gilt (vgl. Abb. 14.2.9).

14.2 Konvexität und Konkavität

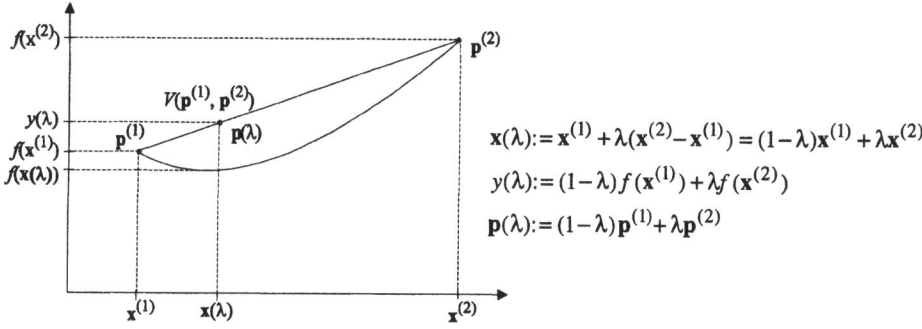

Abb. 14.2.9: Illustration der Konvexitätsbedingung (14.2.01)

ii) f ist genau dann konkav, wenn für je zwei Punkte $\mathbf{x}^{(1)}, \mathbf{x}^{(2)} \in D_f$ die Bedingung

$$f((1-\lambda)\mathbf{x}^{(1)} + \lambda\mathbf{x}^{(2)}) \geq (1-\lambda)f(\mathbf{x}^{(1)}) + \lambda f(\mathbf{x}^{(2)}) \qquad (14.2.02)$$

für alle λ mit $0 \leq \lambda \leq 1$ gilt.

Definition 14.2.10

Eine n-dimensionale Funktion f heißt *streng konvex*, wenn die Ungleichung (14.2.01) für alle $\mathbf{x}^{(1)}, \mathbf{x}^{(2)} \in D_f$ und alle λ mit $0 < \lambda < 1$ auch dann erfüllt ist, wenn man „$\leq$" durch „$<$" ersetzt.

streng konvex

Analog heißt f *streng konkav*, wenn die Ungleichung (14.2.02) für alle $\mathbf{x}^{(1)}, \mathbf{x}^{(2)} \in D_f$ und alle λ mit $0 < \lambda < 1$ auch dann erfüllt ist, wenn man „$\geq$" durch „$>$" ersetzt.

streng konkav

Beispiel 14.2.11

Die Funktion

$$f(x_1, x_2) = |x_1|$$

mit $x_1, x_2 \in R$ ist konvex aber nicht streng konvex. Setzt man etwa $\mathbf{x}^{(1)} = (0,0)^T$ und $\mathbf{x}^{(2)} = (1,0)^T$, so sind beide Seiten der Ungleichung in (14.2.01) gleich λ. Es ist also (14.2.01) erfüllt. Die Ungleichung wird jedoch falsch, wenn man „$\leq$" durch „$<$" ersetzt.

Man ist in der Mathematik generell an der Frage interessiert, inwiefern Eigenschaften von Funktionen bei deren Verknüpfung erhalten bleiben. In diesem Zusammenhang ist das folgende Resultat von Bedeutung, demzufolge die Addition zweier konvexer Funktionen wiederum eine konvexe Funktion ergibt.

Satz 14.2.12

> Sind f und g konvexe Funktionen mit übereinstimmendem Definitionsbereich $D = D_f = D_g \subset R^n$, so ist auch $f + g$ eine auf D konvexe Funktion.

Das Resultat ergibt sich, indem man (14.2.01) und die entsprechende Ungleichung für die Funktion g addiert.

Beispiel 14.2.13

Aus dem vorstehenden Satz folgt unmittelbar, daß

$$f(x_1, x_2, x_3) = x_1^4 + |x_2| - \cos x_3$$

für $x_1, x_2 \in R$, $x_3 \in \left[-\dfrac{\pi}{2}, \dfrac{\pi}{2}\right]$ eine konvexe Funktion ist.

Bemerkung 14.2.14

Der Satz 14.2.12 läßt sich analog für konkave sowie auch für streng konvexe und streng konkave Funktionen formulieren. Differenz, Produkt und Quotient konvexer (konkaver) Funktionen sind im allgemeinen jedoch nicht konvex (konkav).

Die Untersuchung einer Funktion auf Konvexität (Konkavität) mit Hilfe der Bedingungen (14.2.01) – (14.2.02) kann sehr umständlich sein, da es unendlich viele Punktepaare $\mathbf{x}^{(1)}$, $\mathbf{x}^{(2)}$ gibt, für die die jeweilige Ungleichung nachgewiesen werden muß.

Durch das folgende Resultat wird diese Aufgabe leichter zu handhabender Methoden der linearen Algebra zugänglich gemacht.

14.2 Konvexität und Konkavität

Satz 14.2.15

Es sei f eine auf der konvexen Menge $D_f \subset R^n$ definierte (vgl. Bemerkung 14.2.7 ii)), zweimal stetig partiell differenzierbare Funktion, und

$$H f(\mathbf{x}) := \begin{pmatrix} f_{x_1 x_1}(\mathbf{x}) & \cdots & f_{x_1 x_n}(\mathbf{x}) \\ \vdots & & \vdots \\ f_{x_n x_1}(\mathbf{x}) & \cdots & f_{x_n x_n}(\mathbf{x}) \end{pmatrix}$$

bezeichne die **Hesse-Matrix** von f im Punkt x (vgl. Definition 13.2.24). Dann gilt:

i) f ist genau dann konvex (konkav), wenn $H f(\mathbf{x})$ für alle x aus D_f positiv semidefinit (negativ semidefinit) ist.

ii) f ist streng konvex (streng konkav), wenn $H f(\mathbf{x})$ für alle x aus D_f positiv definit (negativ definit) ist.

Die im obigen Satz benutzten Definitheitsbegriffe für symmetrische Matrizen sind bereits in der Linearen Algebra erläutert worden. Dabei ist zu beachten, daß die Hesse-Matrix $H f(\mathbf{x})$ stets symmetrisch ist, sofern f zweimal stetig partiell differenzierbar ist (vgl. Übungsaufgabe 13.2.26 ii)).

Zum Verständnis des Satzes 14.2.15 sei angemerkt, daß es sich in Teil i) um *notwendige und hinreichende* Voraussetzungen für die Konvexität (Konkavität) handelt; aus den genannten Definitheitseigenschaften von $H f(\mathbf{x})$ folgt die Konvexität (Konkavität), und aus letzterem folgen umgekehrt auch die Definitheitseigenschaften von $H f(\mathbf{x})$. Teil ii) des Satzes führt hingegen „nur" eine *hinreichende* Bedingung für die strenge Konvexität (Konkavität) auf. Aus der positiven (negativen) Definitheit folgt die strenge Konvexität (Konkavität); die Umkehrung hiervon gilt jedoch nicht.

Abschließend wird die Anwendung des Satzes an einigen Beispielen illustriert.

Beispiel 14.2.16

Die Hesse-Matrix der Funktion

$$g(x_1, x_2) = x_1^2$$

aus Beispiel 14.1.2 ist

$$\mathbf{H}g(x_1,x_2) = \begin{pmatrix} 2 & 0 \\ 0 & 0 \end{pmatrix}.$$

Offenbar ist diese Matrix positiv semidefinit. Nach Satz 14.2.15i) ist die Funktion g also konvex.

☞

Beispiel 14.2.17

Wir betrachten erneut die Funktionen aus Beispiel 14.2.6, die wir aufgrund anschaulich-geometrischer Überlegungen bereits als konvex bzw. konkav erkannt haben.

i) Die Hesse-Matrix von

$$f(x_1,x_2) = (x_1-3)^2 + (x_2+2)^2$$

ist

$$\mathbf{H}f(x_1,x_2) = \begin{pmatrix} 2 & 0 \\ 0 & 2 \end{pmatrix}.$$

Diese Matrix ist offenbar positiv definit, d.h. f ist streng konvex nach Satz 14.2.15ii).

ii) Die Funktion

$$f(x_1,x_2) = \sqrt{1 - \frac{x_1^2}{4} - \frac{x_2^2}{9}} \qquad (14.2.03)$$

ist auf der Menge $\left\{ (x_1,x_2)^T \in \mathbf{R}^2 \,\middle|\, \frac{x_1^2}{4} + \frac{x_2^2}{9} \leq 1 \right\}$ definiert. Der Definitionsbereich stellt geometrisch eine Ellipse dar. Für die Hesse-Matrix (vgl. Beispiel 13.3.6 für die ersten partiellen Ableitungen von f) erhält man

$$\mathbf{H}f(x_1,x_2) = \begin{pmatrix} \dfrac{x_2^2-9}{36\left(1-\dfrac{x_1^2}{4}-\dfrac{x_2^2}{9}\right)^{\frac{3}{2}}}, & \dfrac{-x_1x_2}{36\left(1-\dfrac{x_1^2}{4}-\dfrac{x_2^2}{9}\right)} \\ \dfrac{-x_1x_2}{36\left(1-\dfrac{x_1^2}{4}-\dfrac{x_2^2}{9}\right)}, & \dfrac{x_1^2-4}{36\left(1-\dfrac{x_1^2}{4}-\dfrac{x_2^2}{9}\right)} \end{pmatrix}$$

$$= \begin{pmatrix} k(x_2^2-9), & -kx_1x_2 \\ -kx_1x_2, & k(x_1^2-4) \end{pmatrix}$$

14.2 Konvexität und Konkavität

mit

$$k := \frac{1}{36\left(1 - \frac{x_1^2}{4} - \frac{x_2^2}{9}\right)^{\frac{3}{2}}}.$$

Die Haupt-Unterdeterminanten sind also

$$k(x_2^2 - 9) = \frac{x_2^2 - 9}{36\left(1 - \frac{x_1^2}{4} - \frac{x_2^2}{9}\right)^{\frac{3}{2}}} \tag{14.2.04}$$

und

$$\det \mathbf{H} f(x_1, x_2) = k(x_2^2 - 9)k(x_1^2 - 4) - k^2 x_1^2 x_2^2$$

$$= \frac{1}{36\left(1 - \frac{x_1^2}{4} - \frac{x_2^2}{4}\right)}. \tag{14.2.05}$$

Für innere Punkte des Definitionsbereichs von (14.2.03), d.h. für $(x_1, x_2)^T \in \mathbf{R}^2$ mit $1 - \frac{x_1^2}{4} - \frac{x_2^2}{9} > 0$ ist (14.2.04) negativ und (14.2.05) positiv. Somit ist die Hesse-Matrix negativ definit, und nach Satz 14.2.15 ii) ist die Funktion (14.2.03) streng konkav.

Wenn man bedenkt, daß die Konkavität der „Ellipsoidfunktion" (14.2.03) aufgrund der geometrischen Vorstellung unmittelbar einsichtig ist (vgl. Abb. 13.3.7), so scheint der rechnerische Nachweis dieser Eigenschaft mit Hilfe der Definitheitsbedingungen der Hesse-Matrix noch recht aufwendig zu sein. Satz 14.2.15 läßt sich jedoch auch auf sehr komplexe Funktionen höherer Dimension anwenden, bei denen jegliche Anschauung versagt.

Übungsaufgabe 14.2.18

Zeigen Sie mit Hilfe von Satz 14.2.15, daß die Funktion

$$f(x_1, x_2) = x_1^2 + x_2^4$$

auf dem gesamten Definitionsbereich $\mathbf{R}^2$ konvex ist.

14.3 Kriterien zur Bestimmung lokaler Extrema

Aus den beim Studium konvexer und konkaver Funktionen gewonnenen Ergebnissen lassen sich unmittelbar Kriterien zur Ermittlung der Extrema einer n-dimensionalen Funktion ableiten.

Wie man sich für $n \leq 2$ leicht veranschaulicht, nimmt eine Funktion f in einem kritischen Punkt $x^{(o)}$ ein lokales Minimum (Maximum) an, wenn f in einer Umgebung $U_\varepsilon(x^{(o)})$ konvex (konkav) ist. Im Falle der strengen Konvexität (Konkavität) ist $x^{(o)}$ sogar ein striktes Minimum (Maximum). Die Funktionen f und g in Beispiel 14.1.2 sind streng konkav in einer Umgebung von $(2, 0)^T$ bzw. konvex in einer Umgebung von $(0,0)^T$.

Aus Satz 14.2.15 erhält man daher unmittelbar das folgende Kriterium.

Satz 14.3.1

Es sei $f: D_f \to R$ $(D_f \subset R^n)$ eine zweimal stetig partiell differenzierbare Funktion, und $x^{(o)}$ sei ein kritischer Punkt von f.

i) Wenn die Hesse-Matrix $Hf(x)$ in einer Umgebung von $x^{(o)}$ positiv semidefinit (negativ semidefinit) ist, so nimmt f in $x^{(o)}$ ein lokales Minimum (Maximum) an.

ii) Wenn $Hf(x)$ in einer Umgebung von $x^{(o)}$ positiv definit (negativ definit) ist, so nimmt f in $x^{(o)}$ ein striktes lokales Minimum (Maximum) an.

In der gegebenen Form ist Satz 14.3.1 aber zur Bestimmung von Extrema nur bedingt brauchbar, da die Definitheitseigenschaften der Hesse-Matrix in einer ganzen Umgebung des kritischen Punktes $x^{(o)}$ überprüft werden müssen. In der Tat kann man sich jedoch in Teil ii) der Aussage auf die Untersuchung der Hesse-Matrix $Hf(x^{(o)})$ im Punkt $x^{(o)}$ beschränken.

Satz 14.3.2

Es sei f eine Funktion wie in Satz 14.3.1, und $x^{(o)}$ sei ein kritischer Punkt von f.

Wenn $Hf(x^{(o)})$ positiv definit (negativ definit) ist, so nimmt f ein lokales Minimum (Maximum) im Punkt $x^{(o)}$ an.

14.3 Kriterien zur Bestimmung lokaler Extrema

Der Beweis dieser Aussage beruht auf der Tatsache, daß die für die Definitheit relevanten Haupt-Unterdeterminanten von $\mathbf{H}f(\mathbf{x}^{(o)})$ stetige Funktionen sind. Geht man von $\mathbf{x}^{(o)}$ zu einem „hinreichend nahe" bei $\mathbf{x}^{(o)}$ liegendem Punkt $\mathbf{x}$ über, so ändern sich die Vorzeichen dieser Determinanten nicht. Wenn $\mathbf{H}f(\mathbf{x}^{(o)})$ also positiv definit (negativ definit) ist, so gilt diese Eigenschaft gewissermaßen „automatisch" auch für alle Hesse-Matrizen $\mathbf{H}f(\mathbf{x})$ in einer Umgebung von $\mathbf{x}^{(o)}$. Eine analoge Schlußfolgerung im Falle der Semidefinitheit ist hingegen nicht möglich.

Die Anwendung von Satz 14.3.2 wird an einem Beispiel demonstriert.

Beispiel 14.3.3

Wir betrachten die auf R^3 definierte Funktion

$$f(x_1, x_2, x_3) = 100 + 2(x_1 - 10)^4 + 50(x_1 - 10)x_2 + 25x_2^2 + 5(x_3 - 12)^2. \quad (14.3.01)$$

Mit Hilfe von Satz 14.3.2 sollen lokale Minima der Funktion f ermittelt werden. Zur Bestimmung der kritischen Punkte ist das Gleichungssystem

$$\begin{aligned} f_{x_1}(\mathbf{x}) &= 8(x_1 - 10)^3 + 50x_2 = 0, \\ f_{x_2}(\mathbf{x}) &= 50(x_1 - 10) + 50x_2 = 0, \\ f_{x_3}(\mathbf{x}) &= 10(x_3 - 12) = 0 \end{aligned} \quad (14.3.02)$$

zu lösen. Aus der letzten Gleichung ergibt sich $x_3 = 12$, und ein Vergleich der ersten und zweiten Bedingung in (14.3.02) liefert

$$8(x_1 - 10)^3 = 50(x_1 - 10) \Rightarrow$$

$$x_1 = 10 \text{ oder } (x_1 - 10)^2 = \frac{25}{4} \Rightarrow$$

$$x_1 = 10 \text{ oder } x_1 = \pm\frac{5}{2} + 10.$$

Setzt man diese Werte in die zweite Gleichung von (14.3.02) ein, so ergibt sich

$$x_2 = 0 \text{ oder } \pm\frac{5}{2} + x_2 = 0 \Rightarrow$$

$$x_2 = 0 \text{ oder } \quad x_2 = \mp\frac{5}{2}.$$

Es existieren somit die drei kritischen Punkte $\mathbf{x}^{(1)} = (12.5, -2.5, 12)$, $\mathbf{x}^{(2)} = (7.5, 2.5, 12)$ und $\mathbf{x}^{(3)} = (10, 0, 12)$.

Die Hesse-Matrix der Funktion f im Punkt $\mathbf{x}$ ist (vgl. (14.3.02))

$$\mathbf{H}f(\mathbf{x}) = \begin{pmatrix} 24(x_1-10)^2 & 50 & 0 \\ 50 & 50 & 0 \\ 0 & 0 & 10 \end{pmatrix}.$$

Es gilt also

$$\mathbf{H}f(\mathbf{x}^{(1)}) = \mathbf{H}f(\mathbf{x}^{(2)}) = \begin{pmatrix} 150 & 50 & 0 \\ 50 & 50 & 0 \\ 0 & 0 & 10 \end{pmatrix}.$$

Wie die Berechnung der Haupt-Unterdeterminanten zeigt, ist die letzte Matrix positiv definit.

Die Funktion f in (14.3.01) nimmt also in den Punkten $\mathbf{x}^{(1)}$ und $\mathbf{x}^{(2)}$ jeweils ein lokales Minimum an. (Da die Matrix $\mathbf{H}f(\mathbf{x}^{(3)})$ indefinit ist, können wir anhand von Satz 14.3.2 nicht entscheiden, ob $\mathbf{x}^{(3)}$ eine lokale Extremstelle ist; vgl. aber Satz 14.3.4 !)

Wegen

$$f(\mathbf{x}^{(1)}) = f(\mathbf{x}^{(2)}) = 21.875, \; f(\mathbf{x}^{(3)}) = 100$$

sind $\mathbf{x}^{(1)}$ und $\mathbf{x}^{(2)}$ jeweils auch absolute Minima (Randpunkte gibt es wegen $D_f = \mathbf{R}^3$ nicht; vgl. Bemerkung 14.1.4ii)).

Der Satz 14.3.2 garantiert, daß f in einem kritischen Punkt $\mathbf{x}^{(o)}$ ein Extremum annimmt, wenn die Hesse-Matrix $\mathbf{H}f(\mathbf{x}^{(o)})$ definit ist. Im Falle der Indefinitheit ist $\mathbf{x}^{(o)}$ ein Sattelpunkt:

Satz 14.3.4

> Es sei $f: D_f \to \mathbf{R}$ $(D_f \subset \mathbf{R}^n)$ **eine zweimal stetig partiell differenzierbare Funktion, und $\mathbf{x}^{(o)}$ sei ein kritischer Punkt von f.**
>
> **Wenn $\mathbf{H}f(\mathbf{x}^{(o)})$ indefinit ist, so ist $\mathbf{x}^{(o)}$ ein Sattelpunkt.**

Beispiel 14.3.5

Es soll die in Beispiel 14.1.2 diskutierte Funktion (14.1.05) mit Hilfe der Sätze 14.3.2 und 14.3.4 auf Extrema und Sattelpunkte untersucht werden.

14.3 Kriterien zur Bestimmung lokaler Extrema

Mit Hilfe der partiellen Ableitungen

$$f_{x_1}(\mathbf{x}) = -6x_1^2 + 18x_1 - 12$$
$$= -6(x_1 - 2)(x_1 - 1),$$
$$f_{x_2}(\mathbf{x}) = -2x_2,$$

erhält man sofort die kritischen Punkte $\mathbf{x}^{(1)} = (2,0)^T$ und $\mathbf{x}^{(2)} = (1,0)^T$. Die allgemeine Form der Hesse-Matrix ist

$$\mathbf{H}f(\mathbf{x}) = \begin{pmatrix} -12x_1 + 18 & 0 \\ 0 & -2 \end{pmatrix},$$

woraus

$$\mathbf{H}f(\mathbf{x}^{(1)}) = \begin{pmatrix} -6 & 0 \\ 0 & -2 \end{pmatrix}$$

und

$$\mathbf{H}f(\mathbf{x}^{(2)}) = \begin{pmatrix} 6 & 0 \\ 0 & -2 \end{pmatrix}$$

folgt.

Da offenbar $\mathbf{H}f(\mathbf{x}^{(1)})$ negativ definit und $\mathbf{H}f(\mathbf{x}^{(2)})$ indefinit ist, ist $\mathbf{x}^{(1)}$ (wie bereits anderweitig gezeigt) eine strikte lokale Maximalstelle und $\mathbf{x}^{(2)}$ ein Sattelpunkt.

Übungsaufgabe 14.3.6

Untersuchen Sie die Funktion

$$f(x_1, x_2, x_3) = (x_1 - 2)^2 - (x_2 + 3)^2 + (x_3 - 5)^2$$

mit $x_1, x_2, x_3 \in \mathbf{R}$ beliebig auf Sattelpunkte.

Übungsaufgabe 14.3.7

Bestimmen Sie die lokalen und globalen Extrema der Funktion

$$f(x_1, x_2, x_3) = 25 - 4x_1^2 - 8x_1x_3 - (x_2 - 1) - x_3^4$$

mit $x_1, x_2, x_3 \in \mathbf{R}$. Geben Sie die Funktionswerte an den Extremstellen an!

Falls die Hesse-Matrix $\mathbf{H}f(\mathbf{x}^{(o)})$ definit oder indefinit ist, kann man den kritischen Punkt $\mathbf{x}^{(o)}$ also entweder als Extremstelle oder als Sattelpunkt einstufen (vgl. die Sätze 14.3.2 und 14.3.4). Im verbleibenden Fall der Semidefinitheit kann ohne weitere Untersuchung der Funktion f keine solche Entscheidung getroffen werden. Auf dieses theoretische Problem soll im Rahmen des vorliegenden Lehrtextes aber nicht näher eingegangen werden.

Wir beenden den Abschnitt, indem wir die Kriterien zur Extremabestimmung für den Fall $n = 2$ zusammenfassend formulieren.

Satz 14.3.8

Es sei $f: D_f \to R$ $(D_f \subset R^2)$ **eine zweimal stetig partiell differenzierbare Funktion. Ferner sei $\mathbf{x}^{(o)}$ ein kritischer Punkt von f und**

$$\mathbf{H}f(\mathbf{x}^{(o)}) = \begin{pmatrix} f_{x_1 x_1}(\mathbf{x}^{(o)}) & f_{x_1 x_2}(\mathbf{x}^o) \\ f_{x_2 x_1}(\mathbf{x}^{(o)}) & f_{x_2 x_2}(\mathbf{x}^{(o)}) \end{pmatrix}$$

die Hesse-Matrix von f in $\mathbf{x}^{(o)}$.

i) **Wenn**

$$\det \mathbf{H}f(\mathbf{x}^{(o)}) > 0$$

gilt, so nimmt f in $\mathbf{x}^{(o)}$ ein strenges lokales Extremum an, und zwar ein Maximum bzw. Minimum, wenn

$$f_{x_1 x_1}(\mathbf{x}^{(o)}) < 0 \quad \text{bzw.} \quad f_{x_1 x_1}(\mathbf{x}^{(o)}) > 0$$

gilt.

ii) **Im Fall**

$$\det \mathbf{H}f(\mathbf{x}^{(o)}) < 0$$

ist $\mathbf{x}^{(o)}$ ein Sattelpunkt von f.

Der Beweis ergibt sich sofort aus den Sätzen 14.3.2 und 14.3.4 unter Beachtung der Definitheitsbedingungen für 2×2-Matrizen.

14.3 Kriterien zur Bestimmung lokaler Extrema

Beispiel 14.3.9

Die Funktion
$$f(x_1, x_2) = \frac{1}{3}x_1^3 + x_2^2 - 4x_1 + 8x_2$$

mit $x_1, x_2 \in R$ besitzt die ersten partiellen Ableitungen

$$f_{x_1}(x_1, x_2) = x_1^2 - 4,$$
$$f_{x_2}(x_1, x_2) = 2x_2 + 8$$

und die Hesse-Matrix

$$\mathbf{H}f(x_1, x_2) = \begin{pmatrix} 2x_1 & 0 \\ 0 & 2 \end{pmatrix}.$$

Die kritischen Punkte sind offenbar $\mathbf{x}^{(1)} = (2, -4)^T$ und $\mathbf{x}^{(2)} = (-2, -4)^T$.

Wegen
$$f_{x_1 x_1}(\mathbf{x}^{(1)}) = 2 \cdot 2 = 4 > 0$$

und

$$\det \mathbf{H}f(\mathbf{x}^{(1)}) = \det \begin{pmatrix} 4 & 0 \\ 0 & 2 \end{pmatrix} = 8 > 0$$

nimmt f in $\mathbf{x}^{(1)}$ ein lokales Minimum an. Der Punkt $\mathbf{x}^{(2)}$ ist ein Sattelpunkt von f, da

$$\det \mathbf{H}f(\mathbf{x}^{(2)}) = \det \begin{pmatrix} -4 & 0 \\ 0 & 2 \end{pmatrix} = -8 < 0$$

gilt.

Übungsaufgabe 14.3.10

Bestimmen Sie die lokalen Extremstellen und Sattelpunkte der folgenden jeweils auf ganz R^2 definierten Funktionen. Geben Sie für die Extremstellen auch die zugehörigen Funktionswerte an.

i) $f(x_1, x_2) = -x_1^2 - (x_2 + 3)^2$,

ii) $f(x_1, x_2) = x_1^3 - x_1 x_2 + x_2^3$,

iii) $f(x_1, x_2) = x_2(x_1 - 1)^2 - 2x_1 - x_2$,

iv) $f(x_1, x_2) = \cos x_1 - x_2^2$.

14.4 Ökonomische Anwendungsbeispiele

Ein Problem der Standortbestimmung

Ein ausländischer Automobilkonzern hat im Laufe der letzten Jahre die 5 Filialen $F_1, ..., F_5$ in den neuen Bundesländern errichtet. Zur Belieferung der hauseigenen Reparaturwerkstätten ist der Bau eines Ersatzteillagers L geplant. Der Standort des Lagers soll so gewählt werden, daß die Kosten der anfallenden Transporte vom Lager zu den Filialen minimiert werden.

Da zunächst nur der Makrostandort (z.B. der Kreis oder Bezirk) bestimmt werden soll, geht man von der stark vereinfachenden Annahme aus, daß jeder Punkt des gesamten Territoriums gleichermaßen als Standort geeignet ist (Homogenität des Territoriums). Für die geographischen Koordinaten x_i und y_i der Filiale F_i sind die Werte $x_1 = -2$, $x_2 = -3$, $x_3 = x_4 = 4$, $x_5 = 7$ und $y_1 = -4$, $y_2 = y_3 = 1$, $y_4 = 5$, $y_5 = -5$ ermittelt worden. Die zu erwartenden Transportmengen, die das Lager L in einer Planungsperiode an F_i ausliefern muß, sind $a_1 = a_2 = 3$, $a_3 = 6$, $a_4 = 5$, $a_5 = 3$. Mit x und y werden die zu bestimmenden Koordinaten des Lagers L bezeichnet. Das Problem ist in Abb. 14.4.1 schematisch dargestellt.

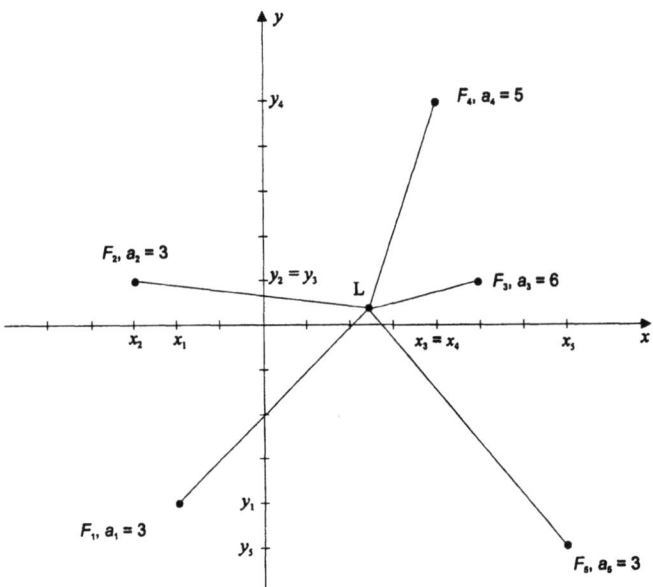

Abb. 14.4.1: Geographische Lage der Filialen F_i und zu erwartende Transportmengen a_i

Aufgrund der bisherigen Erfahrungen wird davon ausgegangen, daß die Kosten des Transports von L zu F_i linear mit der Transportmenge a_i und quadratisch mit

14.4 Ökonomische Anwendungsbeispiele

der Entfernung $r_i := \sqrt{(x-x_i)^2 + (y-y_i)^2}$ zwischen L und F_i zunehmen. Letzteres ist u.a. durch Überstunden der Fahrer bedingt, die bei weiten Strecken anfallen.

Die gesamten Fahrtkosten sind somit (abgesehen von einem Proportionalitätsfaktor) durch die Funktion

$$f(x,y) = a_1 r_1^2 + \ldots + a_5 r_5^2$$
$$= a_1((x-x_1)^2 + (y-y_1)^2) + \ldots + a_5((x-x_5)^2 + (y-y_5)^2) \quad (14.4.01)$$

gegeben. Zur Bestimmung des optimalen Standorts $(x, y)^T$ ist also die Funktion f zu minimieren. Die ersten partiellen Ableitungen sind

$$f_x(x,y) = 2a_1(x-x_1) + \ldots + 2a_5(x-x_5)$$
$$f_y(x,y) = 2a_1(y-y_1) + \ldots + 2a_5(y-y_5).$$

Setzt man diese gleich Null, so ergibt sich die eindeutig bestimmte Lösung zu

$$x = \frac{a_1 x_1 + \ldots + a_5 x_5}{a_1 + \ldots + a_5}$$
$$y = \frac{a_1 y_1 + \ldots + a_5 y_5}{a_1 + \ldots + a_5}. \quad (14.4.02)$$

Die Hesse-Matrix

$$\mathbf{H}f(x,y) = \begin{pmatrix} 2(a_1 + \ldots + a_5) & 0 \\ 0 & 2(a_1 + \ldots + a_5) \end{pmatrix}$$

ist positiv definit. In dem durch (14.4.02) gegebenen kritischen Punkt nimmt f also ein globales Minimum an. Einsetzen der Zahlenwerte für x_i, y_i, a_i liefert die Koordinaten des optimalen Standorts (vgl. Abb. 14.4.1):

$$(x,y) = \frac{1}{20}(50,7) = (2.5, 0.35).$$

Bei praktischen Anwendungen mag die Annahme, daß die Transportkosten linear (statt quadratisch) mit den Entfernungen r_i ansteigen, realistischer sein. In diesem Fall ist anstelle von (14.4.01) eine Funktion der Form

$$f(x,y) = a_1 r_1 + \ldots + a_n r_n$$
$$= a_1 \sqrt{(x-x_1)^2 + (y-y_1)^2} + \ldots + a_n \sqrt{(x-x_n)^2 + (y-y_n)^2} \quad (14.4.03)$$

zu minimieren. Die Bestimmung der kritischen Punkte ist dabei jedoch problematisch, da sich aus den Gleichungen

$$f_x(x,y) = \frac{a_1(x-x_1)}{\sqrt{(x-x_1)^2+(y-y_1)^2}} + \ldots + \frac{a_n(x-x_n)}{\sqrt{(x-x_n)^2+(y-y_n)^2}} = 0$$
$$f_y(x,y) = \frac{a_1(y-y_1)}{\sqrt{(x-x_1)^2+(y-y_1)^2}} + \ldots + \frac{a_n(y-y_n)}{\sqrt{(x-x_n)^2+(y-y_n)^2}} = 0$$
(14.4.04)

keine explizite Darstellung für x und y gewinnen läßt.

Zur Lösung dieser Minimierungsaufgabe (sog. Steiner-Weber-Problem) ist jedoch ein iteratives Verfahren entwickelt worden. Dies liefert – abgesehen von dem unrealistischen Fall, daß alle Punkte $(x_i, y_i)^T$ auf einer Geraden liegen – die eindeutige Lösung von (14.4.04), in der die Funktion (14.4.03) ihr globales Minimum annimmt. Als Startwert für die Iteration hat sich dabei die Minimalstelle der quadratischen Funktion (14.4.01) in der Praxis gut bewährt.

Schätzung einer Nachfragefunktion durch lineare Regression

Ein Tabakwarenhersteller hat einige seiner Produkte im Laufe der Jahre bereits zu verschiedenen Preisen auf dem Markt angeboten. Im Rahmen einer empirischen Untersuchung sind die Nachfragemengen in Abhängigkeit von den Preisen ermittelt worden. Als Grundlage für die zukünftige Preisgestaltung soll der funktionale Zusammenhang zwischen Preis und Nachfrage ermittelt werden. In der folgenden Tabelle sind am Beispiel der Zigarillomarke Sumatra die bisherigen Preise und die zugehörigen Absatzmengen gegenübergestellt.

Tab. 14.4.2: Empirische Daten zur Preis-Nachfrage-Relation

Preis (in DM)	Nachfrage (in 1000 Schachteln pro Planungsperiode)
$P_1 = 5{,}00$	$N_1 = 5$
$P_2 = 6{,}00$	$N_2 = 3{,}8$
$P_3 = 6{,}50$	$N_3 = 4$
$P_4 = 7{,}50$	$N_4 = 3$
$P_5 = 9{,}00$	$N_5 = 3{,}2$

Die graphische Darstellung der Daten als Punkte in einem Koordinatensystem läßt einen tendenziell linearen Zusammenhang vermuten (vgl. Abb. 14.4.3). Die Abweichungen der Datenpunkte von dem theoretisch geradlinigen Verlauf werden auf zufällige Schwankungen der Nachfrage zurückgeführt. Das Problem ist nun, eine Gerade $N(p) = a + bp$ zu konstruieren, die sich den Datenpunkten $(P_i, N_i)^T$ „möglichst gut" annähert ($i = 1, \ldots, 5$).

14.4 Ökonomische Anwendungsbeispiele

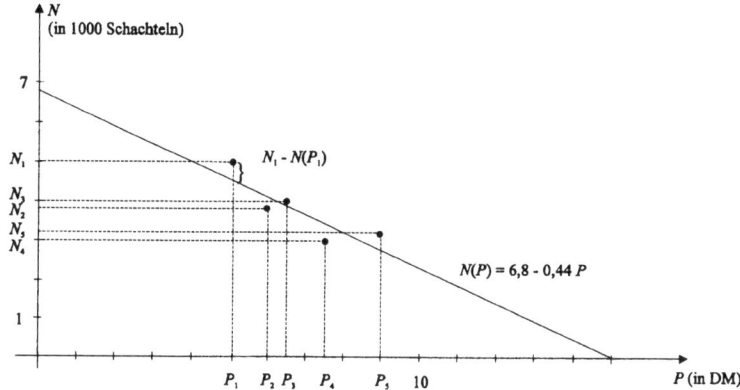

Abb. 14.4.3: Regressionsgerade zu den empirischen Daten in Tab. 14.4.2.

Als Kriterium für die „Güte der Annäherung" wählt man üblicherweise die Summe der Abweichungsquadrate (vgl. Abb. 14.4.3)

$$\begin{aligned}f(a,b) &= \sum_{i=1}^{5}(N(P_i)-N_i)^2 \\ &= \sum_{i=1}^{5}(a+bP_i-N_i)^2 \\ &= (a+5b-5)^2+(a+6b-3.8)^2 \\ &\quad +(a+6.5b-4)^2+(a+7.5b-3)^2 \\ &\quad +(a+9b-3.2)^2.\end{aligned}$$

Die Parameter a und b der optimalen Geraden erhält man also, indem man die Funktion f minimiert. Die ersten partiellen Ableitungen sind

$$\begin{aligned}f_a(a,b) &= 2(a+5b-5)+2(a+6b-3.8) \\ &\quad +2(a+6.5b-4)+2(a+7.5b-3) \\ &\quad +2(a+9b-3.2) \\ &= 10a+68b-38\end{aligned}$$

und

$$\begin{aligned}f_b(a,b) &= 2\cdot 5(a+5b-5)+2\cdot 6(a+6b-3.8) \\ &\quad +2\cdot 6.5(a+6.5b-4)+2\cdot 7.5(a+7.5b-3) \\ &\quad +2\cdot 9(a+9b-3.2) \\ &= 68a+481b-250.2.\end{aligned}$$

Setzt man diese gleich Null, so ergibt sich das lineare Gleichungssystem

$10a + 68b = 38$
$68a + 481b = 250.2$

mit der eindeutig bestimmten Lösung

$a_0 \approx 6.80$
$b_0 \approx -0.44$.

Die Hesse-Matrix

$$\mathbf{H}f(a,b) = \begin{pmatrix} 10 & 68 \\ 68 & 481 \end{pmatrix}$$

ist positiv definit. Somit ist $(a_0, b_0)^T$ die globale Minimalstelle der Funktion f. Die optimale Gerade durch die empirischen Datenpunkte, die sog. Regressionsgerade, hat also die Funktionsgleichung

$N(P) = 6.80 - 0.44P$

(vgl. Abb. 14.3.3), wodurch auch der gesuchte theoretische Zusammenhang zwischen Preis und Nachfrage gegeben ist.

Die Aufgabe, vorgegebene Datenpunkte durch eine lineare Funktion zu approximieren, stellt ein Grundproblem der Ökonometrie dar. Die obige Lösungsmethode, die sich offenbar auf Probleme mit einer beliebigen Anzahl empirischer Datenpunkte verallgemeinern läßt, ist unter der Bezeichnung „lineare Regression" bekannt.

14.5 Extrema unter Nebenbedingungen

Zahlreiche Probleme der Ökonomie lassen sich als Optimierungsprobleme unter Nebenbedingungen formulieren. Bereits im Rahmen der Vorbereitung auf die lineare Programmierung (vgl. Kap. 9) sind Ihnen Beispiele für derartige Aufgabenstellungen begegnet. In diesem Abschnitt behandeln wir das Problem der Maximierung bzw. Minimierung einer n-dimensionalen Funktion $f(x_1,...,x_n)$, wobei als Lösungen nur solche Vektoren $\mathbf{x} = (x_1,...,x_n)^T$ zugelassen sind, die Nebenbedingungen der Form

$$\begin{aligned} g_1(x_1,...,x_n) &= 0 \\ \vdots \quad \vdots \quad \vdots & \\ g_m(x_1,...,x_n) &= 0 \end{aligned}$$ (14.5.01)

mit $m < n$ genügen.

14.5 Extrema unter Nebenbedingungen

Im Gegensatz zur linearen Optimierung sind als Nebenbedingungen keine Ungleichungen zugelassen; allerdings können $f, g_1, \ldots, g_m$ beliebige (d.h. auch nichtlineare) n-dimensionale Funktionen sein.

Beispiel 14.5.1

Ein metallverarbeitender Betrieb hat von der Bäckerei Knack-und-Back einen Auftrag zur Herstellung von Keksdosen erhalten. Die oben offenen Dosen sollen ein Fassungsvermögen von $V=2000$ cm³ haben und eine quadratische Grundfläche besitzen (vgl. Abb. 14.5.2). Ansonsten ist die Wahl der Abmessungen dem Hersteller überlassen.

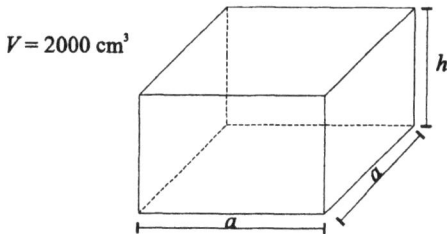

Abb. 14.5.2: Abmessungen der Keksdose

Um den Preisvorstellungen der Bäckerei gerecht werden zu können, will der Betrieb die Materialkosten pro Dose minimieren. Zur Herstellung einer Dose mit der Kantenlänge a der Grundfläche und der Höhe h (jeweils in cm gemessen) werden

$$F(a,h) = a^2 + 4ah \tag{14.5.02}$$

cm² Blech benötigt. Es stellt sich somit die Aufgabe, die Funktion (14.5.02) zu minimieren, wobei die Kapazitätsrestriktion

$$V(a,h) = a^2 h = 2000 \tag{14.5.03}$$

einzuhalten ist.

Die Gleichung (14.5.03) läßt sich nach h auflösen mit

$$h = z(a) := \frac{2000}{a^2}. \tag{14.5.04}$$

Wenn man den Wert der Variablen a vorgibt, so ist also auch h durch die Relation (14.5.04) eindeutig festgelegt und der zugehörige Funktionswert von F ist $F(a,z(a))$. Man braucht also nur die Minimalstelle der eindimensionalen Funktion

$$F*(a) := F(a, z(a)) = a^2 + 4a\, z(a)$$
$$= a^2 + \frac{8000}{a}$$

zu bestimmen.

Aus
$$F*'(a) = 2a - \frac{8000}{a^2} = 0$$

folgt $a = 4000^{\frac{1}{3}}$. Die Funktion $F*$ nimmt also im Punkt $a_0 := 4000^{\frac{1}{3}} \approx 15.9$ ihr absolutes Minimum an. (Die Berechnung der zweiten Ableitung bleibt dem Leser überlassen.)

Offenbar ist nun
$$(a_0, h_0) = (a_0, z(a_0)) \approx (15.9, 7.9)$$

die Lösung des ursprünglichen Minimierungsproblems (14.5.02)-(14.5.03). Die Keksdosen müssen also die Abmessungen $a_0 \approx 15.9$cm und $h_0 \approx 7.9$cm haben.

Zur Herstellung einer optimal dimensionierten Dose werden demnach
$$F(a_0, h_0) = a_0^2 + 4a_0 h_0 \approx 756$$

cm² Blech benötigt.

Für das Seitenverhältnis a_0/h_0 ergibt sich insbesondere
$$\frac{a_0}{h_0} = \frac{4000^{\frac{1}{3}}}{2000 \cdot 4000^{-\frac{2}{3}}} = 2 .$$

Dies gilt unabhängig von der Volumenvorgabe in (14.5.03).

Bei der Lösung des Problems in Beispiel 14.5.1 ist also ein Minimierungsproblem mit einer Nebenbedingung auf die Minimierung einer Funktion *ohne Nebenbedingungen* zurückgeführt worden.

Variablensubstitution

Eine Verallgemeinerung dieser Idee führt zum folgenden als *Variablensubstitution* bezeichneten Verfahren:

Man geht von einem Optimierungsproblem der Form

14.5 Extrema unter Nebenbedingungen

$$\text{Max}/\text{Min} f(x_1,\ldots,x_n)$$
u.d.N.
$$g_1(x_1,\ldots,x_n) = 0 \tag{14.5.05}$$
$$\vdots \quad \vdots \quad \vdots$$
$$g_m(x_1,\ldots,x_n) = 0$$

mit $m < n$ aus. Auflösen von $g_1(x_1,\ldots,x_n)$ nach einer der Variablen, z.B. nach x_1, liefert die Darstellung

$$x_1 = z(x_2,\ldots,x_n) \tag{14.5.06}$$

Ersetzt man in den Funktionen f, g_2, ..., g_m von (14.5.05) jeweils x_1 durch die rechte Seite von (14.5.06), so ergibt sich das um eine Nebenbedingung sowie eine Variable reduzierte Optimierungsproblem

$$\text{Max}/\text{Min} \ f(z(x_2,\ldots,x_n),x_2,\ldots,x_n)$$
u.d.N.
$$g_2(z(x_2,\ldots,x_n),x_2,\ldots,x_n) = 0$$
$$\vdots \quad \vdots \quad \vdots$$
$$g_m(z(x_2,\ldots,x_n),x_2,\ldots,x_n) = 0,$$

das sich verkürzt in der Form

$$\text{Max}/\text{Min} \ f^*(x_2,\ldots,x_n)$$
u.d.N.
$$g_2^*(x_2,\ldots,x_n) = 0$$
$$\vdots \quad \vdots \quad \vdots$$
$$g_m^*(x_2,\ldots,x_n) = 0$$

schreiben läßt.

Dieser Iterationsschritt wird m mal wiederholt, so daß die m Nebenbedingungen und m der n Variablen eliminiert werden. Man erhält dabei eine Funktion

$$f^{*\cdots*}(x_{m+1},\ldots,x_n),$$

die ohne Nebenbedingungen zu optimieren ist. Die Extremstelle der Funktion $f^{*\cdots*}$ liefert die Werte der Variablen $x_{m+1},\ldots,x_n$ für die optimale Lösung von (14.5.05); die Werte für $x_1,\ldots,x_m$ gewinnt man aus den Substitutionsformeln analog zu (14.5.06).

Das Verfahren wird am folgenden Beispiel erläutert.

Beispiel 14.5.3

Wir betrachten das Maximierungsproblem

$$\text{Max } f(x_1, x_2, x_3) = x_1 + 2x_2 x_3 + x_3^2$$
u.d.N.
$$g_1(x_1, x_2, x_3) = x_1 + 2x_2 + x_3 = 1$$
$$g_2(x_1, x_2, x_3) = x_1 + x_2 - x_3 = 2$$
(14.5.07)

mit $x_1, x_2, x_3 \in \mathbf{R}$.

Auflösen der ersten Nebenbedingung nach x_1 ergibt

$$x_1 = z(x_2, x_3) = 1 - 2x_2 - x_3.$$
(14.5.08)

Im ersten Iterationsschritt wird in den Termen der Funktionen f und g_2 jeweils x_1 durch $z(x_2, x_3)$ ersetzt, während die erste Nebenbedingung entfällt. Man erhält das „reduzierte" Maximierungsproblem

$$\text{Max } f^*(x_2, x_3) = z(x_2, x_3) - 2x_2 x_3 + x_3^2$$
$$= 1 - 2x_2 - x_3 + 2x_2 x_3 + x_3^2$$
u.d.N.
$$g^*_2(x_2, x_3) = z(x_2, x_3) + x_2 - x_3$$
$$= 1 - x_2 - 2x_3 = 2.$$
(14.5.09)

Im nächsten Schritt wird die Nebenbedingung in (14.5.09) nach x_2 aufgelöst, was

$$x_2 = z^*(x_3) = -2x_3 - 1$$
(14.5.10)

ergibt. Setzt man diesen Term für x_2 in die Funktion f^* von (14.5.09) ein, so erhält man die folgende eindimensionale Funktion, die ohne Nebenbedingungen zu maximieren ist:

$$f^{**}(x_3) = 1 + 2(2x_3 + 1) - x_3 - 2x_3(2x_3 + 1) + x_3^2$$
$$= -3x_3^2 + x_3 + 3.$$

Wegen

$$f^{**'}(x_3) = -6x_3 + 1 \text{ und } f^{**''}(x_3) = -6 < 0$$

nimmt f^{**} ein Maximum an der Stelle $x_3 = \dfrac{1}{6}$ an.

Aus (14.5.10) und (14.5.08) gewinnt man nacheinander

14.5 Extrema unter Nebenbedingungen

$$x_2 = -2\frac{1}{6} - 1 = -\frac{4}{3}$$

und

$$x_1 = 1 - 2\left(-\frac{4}{3}\right) - \frac{1}{6} = \frac{7}{2}.$$

Die Lösung des Problems (14.5.07) ist also $\mathbf{x} = \left(\frac{7}{2}, -\frac{4}{3}, \frac{1}{6}\right)^T$.

Übungsaufgabe 14.5.4

Lösen Sie das folgende Minimierungsproblem mit Hilfe der Variablensubstitution:

Min $f(x_1, x_2, x_3) = x_1^2 + x_2 x_3 - x_3$
u.d.N.
$$g_1(x_1, x_2, x_3) = x_1 - x_2 + x_3 = 1$$
$$g_2(x_1, x_2, x_3) = 2x_1 + x_2 - x_3 = 3.$$

Die Variablensubstitution führt bei einer größeren Anzahl von Variablen und Nebenbedingungen zu sehr langwierigen Berechnungen. Darüberhinaus ist die grundlegende Voraussetzung, daß die Nebenbedingungen $g_i(x_1,...,x_n) = 0$ nach einer der Variablen x_i auflösbar sind, häufig nicht gegeben.

Ein allgemeiner anwendbares Verfahren zur Lösung eines Extremalproblems unter Nebenbedingungen basiert auf dem folgenden, von Lagrange entwickelten notwendigen Kriterium.

Im weiteren betrachten wir das Problem, eine *lokale* Extremstelle der Funktion

$$f(x_1,...,x_n)$$

zu bestimmen, wobei nur Punkte $(x_1,...,x_n)^T$ zugelassen sind, die den Nebenbedingungen

$$g_1(x_1,...,x_n) = 0$$
$$\vdots \quad \vdots \quad \vdots \qquad (14.5.11)$$
$$g_m(x_1,...,x_n) = 0$$

mit $m < n$ genügen.

In einem zunächst rein formalen Schritt wird (14.5.11) die im unten aufgeführten Satz benötigte Funktion

$$L(x_1,\ldots,x_n,\lambda_1,\ldots,\lambda_m) = \\ f(x_1,\ldots,x_n) + \lambda_1 g_1(x_1,\cdots,x_n) + \ldots + \lambda_m g_m(x_1,\ldots,x_n) \qquad (14.5.12)$$

Lagrangefunktion
Lagrange-Multiplikator

zugeordnet; L ist eine Funktion in den $n + m$ Variablen $x_1,\ldots,x_n$, $\lambda_1,\ldots,\lambda_m$ und heißt die *Lagrangefunktion* von f unter der Nebenbedingung (14.5.11). Die beliebigen reellen Zahlen $\lambda_1,\ldots,\lambda_m$ heißen die *Lagrange-Multiplikatoren*.

Satz 14.5.5

Es seien f, $g_1,\ldots, g_m$ stetig partiell differenzierbare Funktionen in den Variablen $x_1,\ldots, x_n$ mit $m < n$, und $\mathbf{x}^{(o)}$ sei ein innerer Punkt von $D_f \cap D_{g_1} \cap \ldots \cap D_{g_m}$. Der Rang der Matrix der partiellen Ableitungen

$$\begin{pmatrix} (g_1)_{x_1}(\mathbf{x}^{(o)}) & \ldots & (g_1)_{x_n}(\mathbf{x}^{(o)}) \\ \vdots & & \vdots \\ (g_m)_{x_1}(\mathbf{x}^{(o)}) & \ldots & (g_m)_{x_n}(\mathbf{x}^{(o)}) \end{pmatrix} \qquad (14.5.13)$$

mit $\mathbf{x}^{(o)} := (x_1^{(o)},\ldots,x_n^{(o)})$ sei gleich m.

Eine *notwendige* Bedingung dafür, daß $\mathbf{x}^{(o)}$ eine Extremstelle von f unter Berücksichtigung der Nebenbedingungen (14.5.11) ist, ist das Verschwinden der partiellen Ableitungen der Lagrangefunktion, d.h. es müssen reelle Zahlen $\lambda_1^{(o)},\cdots,\lambda_m^{(o)}$ existieren, so daß

$$L_{x_j}(x_1^{(o)},\ldots,x_n^{(o)},\lambda_1^{(o)},\ldots,\lambda_m^{(o)}) = 0 \qquad (14.5.14)$$

für alle $j = 1,\ldots,n$ und

$$L_{\lambda_i}(x_1^{(o)},\ldots,x_n^{(o)},\lambda_1^{(o)},\ldots,\lambda_m^{(o)}) = 0 \qquad (14.5.15)$$

für alle $i = 1,\ldots,m$ gilt.

Bevor wir den Satz auf Beispiele anwenden, wollen wir einige Erläuterungen zum Verständnis der Aussage bzw. zu einer Grundidee des Beweises geben.

14.5 Extrema unter Nebenbedingungen

Bemerkung 14.5.6

i) Die Voraussetzung, daß die sog. *Funktionalmatrix* (14.5.13) Maximalrang hat, besagt nach der Theorie impliziter Funktionen, daß die Nebenbedingungen $g_i(x_1,\ldots,x_n) = 0$ *lokal* nach m der n Variablen, z.B. nach $x_1,\ldots,x_m$, auflösbar sind. Die Auflösbarkeit der Nebenbedingungen nach $x_1,\ldots,x_m$ ist also gewährleistet, sofern $(x_1,\ldots,x_n)^T$ in einer Umgebung des Punktes $\mathbf{x}^{(o)} = (x_1^{(o)},\ldots,x_n^{(o)})^T$ liegt. Dies ist offenbar eine wesentlich schwächere Voraussetzung als die bei der Variablensubstitution verlangte *globale* Auflösbarkeit. *Funktionalmatrix*

ii) Wegen

$$L_{\lambda_i}(x_1^{(o)},\ldots,x_n^{(o)},\lambda_1^{(o)},\ldots,\lambda_m^{(o)}) = g_i(\mathbf{x}^{(o)})$$

besagt die Bedingung (14.5.15) lediglich, daß die im Satz gesuchte Extremstelle $\mathbf{x}^{(o)}$ den Nebenbedingungen (14.5.11) genügen muß. Die Bedingung (14.5.15) muß also trivialerweise erfüllt sein.

Zum Beweis von Satz 14.5.5

Da (14.5.13) Maximalrang hat, gilt (nach eventueller Umbenennung der Variablen $x_1,\ldots,x_n$), daß die quadratische Teilmatrix

$$\mathbf{A}(\mathbf{x}^{(o)}) := \begin{pmatrix} (g_1)_{x_1}(\mathbf{x}^{(o)}) & \ldots & (g_1)_{x_m}(\mathbf{x}^{(o)}) \\ \vdots & & \vdots \\ (g_m)_{x_1}(\mathbf{x}^{(o)}) & \ldots & (g_m)_{x_m}(\mathbf{x}^{(o)}) \end{pmatrix}$$

von (14.5.13) regulär ist. Somit ist auch $\mathbf{A}^T(\mathbf{x}^{(o)})$ regulär und das lineare Gleichungssystem

$$\mathbf{A}^T(\mathbf{x}^{(o)}) \cdot \begin{pmatrix} \lambda_1 \\ \vdots \\ \lambda_m \end{pmatrix} = \begin{pmatrix} (g_1)_{x_1}(\mathbf{x}^{(o)}) & \ldots & (g_m)_{x_1}(\mathbf{x}^{(o)}) \\ \vdots & & \vdots \\ (g_1)_{x_m}(\mathbf{x}^{(o)}) & \ldots & (g_m)_{x_m}(\mathbf{x}^{(o)}) \end{pmatrix} \cdot \begin{pmatrix} \lambda_1 \\ \vdots \\ \lambda_m \end{pmatrix} = \begin{pmatrix} -f_{x_1}(\mathbf{x}^{(o)}) \\ \vdots \\ -f_{x_m}(\mathbf{x}^{(o)}) \end{pmatrix}$$

(14.5.16)

hat die eindeutige Lösung $(\lambda_1^{(o)},\ldots,\lambda_m^{(o)})^T$.

Die i-te Zeile von (14.5.16) lautet nun nach Addition der rechten Seite:

$$f_{x_i}(\mathbf{x}^{(o)}) + \lambda_1^{(o)}(g_1)_{x_i}(\mathbf{x}^{(o)}) + \ldots + \lambda_m^{(o)}(g_m)_{x_i}(\mathbf{x}^{(o)}) = 0.$$

Schreibt man dies mit Hilfe der Lagrangefunktion, so ergibt sich

$$L_{x_i}(x_1^{(o)},\ldots,x_n^{(o)},\lambda_1^{(o)},\ldots,\lambda_m^{(o)}) = 0.$$

Somit ist die Notwendigkeit von (14.5.14) für $j = 1,\ldots,m$ bewiesen. Der Beweis für $j = m+1,\ldots,n$ ist komplizierter und wird hier nicht erbracht.

Beispiel 14.5.7

Das Minimierungsproblem in Beispiel 14.5.1 soll mit der Methode von Lagrange gelöst werden.

Die Lagrangefunktion lautet

$$\begin{aligned}L(a,h,\lambda) &= F(a,h) + \lambda(V(a,h) - 2000)\\&= a^2 + 4ah + \lambda(a^2h - 2000).\end{aligned}$$

Die partiellen Ableitungen sind

$$\begin{aligned}L_a(a,h,\lambda) &= 2a + 4h + 2ah\lambda,\\L_h(a,h,\lambda) &= 4a + \lambda a^2,\\L_\lambda(a,h,\lambda) &= a^2h - 2000.\end{aligned}$$

Die Bedingungen (14.5.14), (14.5.15) lauten also

$$\begin{aligned}2a + 4h + 2ah\lambda &= 0,\\4a + \lambda a^2 &= 0,\\a^2h - 2000 &= 0.\end{aligned} \qquad (14.5.17)$$

Das System hat eine eindeutig bestimmte Lösung, die man auf folgendem Wege ermitteln kann:

Dividiert man die zweite Gleichung durch a ($a = 0$ wird durch die dritte Gleichung ausgeschlossen), so folgt

$$\lambda a = -4.$$

Einsetzen von -4 für λa in der ersten Gleichung ergibt

$$\begin{aligned}2a + 4h - 8h &= 0 \Leftrightarrow\\a &= 2h.\end{aligned}$$

Wenn man dies in die dritte Gleichung einsetzt, folgt

14.5 Extrema unter Nebenbedingungen

$$4h^3 = 2000 \Leftrightarrow$$
$$h = 500^{\frac{1}{3}} = \frac{1}{2} 4000^{\frac{1}{3}}.$$

Die Werte für a und λ lassen sich dann leicht bestimmen. Es gilt

$$(a,h,\lambda) = (4000^{\frac{1}{3}}, \frac{1}{2} \cdot 4000^{\frac{1}{3}}, -\frac{4}{4000^{\frac{1}{3}}}).$$

Als Minimalstelle kommt also nur der Punkt $(a,h)^T = (4000^{\frac{1}{3}}, \frac{1}{2} \cdot 4000^{\frac{1}{3}})^T$ in Frage (vgl. Beispiel 14.5.1).

Beispiel 14.5.8

Wir kommen nochmals auf das Maximierungsproblem aus Beispiel 14.5.3 zurück. Die Lagrangefunktion hat dann die Gestalt

$$L(x_1, x_2, x_3, \lambda_1, \lambda_2) =$$
$$x_1 + 2x_2 x_3 + x_3^2 + \lambda_1(x_1 + 2x_2 + x_3 - 1) + \lambda_2(x_1 + x_2 - x_3 - 2)$$

Die partiellen Ableitungen sind

$$L_{x_1}(x_1, x_2, x_3, \lambda_1, \lambda_2) = 1 + \lambda_1 + \lambda_2$$
$$L_{x_2}(x_1, x_2, x_3, \lambda_1, \lambda_2) = 2x_3 + 2\lambda_1 + \lambda_2$$
$$L_{x_3}(x_1, x_2, x_3, \lambda_1, \lambda_2) = 2x_2 + 2x_3 + \lambda_1 - \lambda_2$$
$$L_{\lambda_1}(x_1, x_2, x_3, \lambda_1, \lambda_2) = x_1 + 2x_2 + x_3 - 1$$
$$L_{\lambda_2}(x_1, x_2, x_3, \lambda_1, \lambda_2) = x_1 + x_2 - x_3 - 2.$$

Nullsetzen dieser Ableitungen ergibt das lineare Gleichungssystem

$$\begin{pmatrix} 0 & 0 & 0 & 1 & 1 \\ 0 & 0 & 2 & 2 & 1 \\ 0 & 2 & 2 & 1 & -1 \\ 1 & 2 & 1 & 0 & 0 \\ 1 & 1 & -1 & 0 & 0 \end{pmatrix} \cdot \begin{pmatrix} x_1 \\ x_2 \\ x_3 \\ \lambda_1 \\ \lambda_2 \end{pmatrix} = \begin{pmatrix} -1 \\ 0 \\ 0 \\ 1 \\ 2 \end{pmatrix},$$

mit der eindeutigen Lösung

$$(x_1^{(o)}, x_2^{(o)}, x_3^{(o)}, \lambda_1^{(o)}, \lambda_1^{(o)})^T = \left(\frac{7}{2}, -\frac{4}{3}, \frac{1}{6}, \frac{2}{3}, -\frac{5}{3}\right)^T.$$

(Ein Verfahren zur Lösung linearer Gleichungssysteme ist bereits in Kapitel 5 (Kurs 00053) behandelt worden).

Als Maximalstelle kommt also nur der Punkt $\mathbf{x}^{(o)} = \left(\frac{7}{2}, -\frac{4}{3}, \frac{1}{6}\right)$ in Frage (vgl. Beispiel 14.5.3).

Übungsaufgabe 14.5.9

Ermitteln Sie mit Hilfe des Lagrange-Ansatzes die Punkte, die als Extremstellen der Funktion

$$f(x_1, x_2) = 5 + 2x_1 + 4x_2$$

unter der Nebenbedingung

$$x_1^2 + x_2^2 = 20$$

in Frage kommen.

Übungsaufgabe 14.5.10

Nehmen wir an, daß die Keksdosen in Beispiel 14.5.1 eine kreisförmige Grundfläche haben sollen.

Lösen Sie dieses Minimierungsproblem bei sonst unveränderter Aufgabenstellung einmal mit Hilfe der Substitutionsmethode und einmal mit Hilfe des Lagrange-Ansatzes!

Da Satz 14.5.5 „nur" ein notwendiges Kriterium für die Extremstellen einer Funktion unter Nebenbedingungen liefert, muß man durch Vergleich der Funktionswerte prüfen, in welchen der gefundenen Punkte tatsächlich ein Extremum angenommen wird.

Es soll an dieser Stelle erwähnt werden, daß man auch anhand der Hesse-Matrix der Lagrangefunktion erkennen kann, welche der mittels Satz 14.5.5 gefundenen „kritischen Punkte" lokale Extremstellen sind. Auf dieses hinreichende Kriterium kann im Rahmen des vorliegenden Lehrtextes aber nicht eingegangen werden.

Kapitel 15
Differential- und Differenzengleichungen

Bei vielen ökonomischen Modellen, insbesondere im Zusammenhang mit Produktions- und Nutzenfunktionen, Wachstum und Marktprozessen sind Funktionen implizit in Form von Differential- oder Differenzengleichungen gegeben. Dabei handelt es sich um Gleichungen, die eine Beziehung zwischen einer Funktion und ihren Ableitungen bzw. zwischen einer Folge und ihren Differenzenfolgen darstellen.

In diesem Kapitel beschäftigen wir uns mit der Lösung von Differential- und Differenzengleichungen, d.h. mit der Bestimmung von Funktionen bzw. Folgen, die diesen Gleichungen genügen.

Die Abschnitte 15.1 – 15.7 behandeln Differentialgleichungen, im Rest des Kapitels werden Differenzengleichungen untersucht.

15.1 Grundbegriffe der Differentialgleichungen

Während üblicherweise in der Mathematik zwischen dem Funktionswert y und der Funktion $y = f(x)$ unterschieden wird, schreibt man in der Theorie der Differentialgleichungen gewöhnlich $y(x)$ oder kurz y anstelle von $f(x)$. Entsprechend werden Ableitungen mit y', y'',..., $y^{(1)}$, $y^{(2)}$,... bzw. $\dfrac{\partial y}{\partial x_i}$ bezeichnet.

Unter einer *Differentialgleichung* (DGL, Plural DGLn) versteht man eine Gleichung, in der eine Funktion y, deren Ableitungen sowie eine oder mehrere unabhängige Variable auftreten, z.B.

Differentialgleichung

$$3 + 5y = y' + 2y'', \qquad (15.1.01)$$

$$y''' = x - y + y'', \qquad (15.1.02)$$

$$\frac{y'}{y^2} = \sqrt{(x-5)^3}, \qquad (15.1.03)$$

$$\frac{\partial y}{\partial x_1} + \frac{\partial^2 y}{(\partial x_2)^2} = x_1 - x_2. \tag{15.1.04}$$

Jede Funktion, die mit ihren Ableitungen die Gleichung erfüllt, heißt eine Lösung der Differentialgleichung, z.B. ist die Funktion $y(x) = e^{ax} - \frac{3}{5}$ mit $a := \frac{\sqrt{41}-1}{4}$ eine Lösung von (15.1.01), da

$$3 + 5y = 3 + 5e^{ax} - 3 = ae^{ax} + 2a2e^{ax} = y' + 2y''$$

für alle $x \in \mathbf{R}$ erfüllt ist.

Lösungsmenge
allgemeine Lösung
gewöhnlichen DGL
partiellen DGL
Ordnung der DGL
explizite/implizite DGL

Die Menge aller Lösungen einer DGL heißt *Lösungsmenge* oder die *allgemeine Lösung*. Man spricht von einer *gewöhnlichen* bzw. *partiellen* DGL, wenn die Funktion eine bzw. mehrere Variable besitzt. Die Gleichungen (15.1.01) – (15.1.03) sind gewöhnliche DGLn, (15.1.04) ist eine partielle DGL. Die höchste auftretende Ableitung heißt die *Ordnung* einer DGL. Z.B. hat (15.1.02) die Ordnung 3 und (15.1.04) die Ordnung 2. Eine DGL heißt *explizit*, wenn sie nach der höchsten Ableitung aufgelöst ist, andernfalls heißt sie *implizit*. Z.B. ist (15.1.02) explizit und (15.1.01) implizit.

Eine DGL muß nicht notwendig für alle Variablen- und Funktionswerte definiert sein, so ist etwa (15.1.03) nur für $x \geq 5$ und $y \neq 0$ definiert.

In diesem Lehrtext werden wir uns auf die Lösung gewöhnlicher DGLn beschränken. Eine solche läßt sich stets in der Form

$$F(x, y, y^{(1)}, \ldots, y^{(n)}) = 0 \tag{15.1.05}$$

darstellen, wobei n die Ordnung, $y^{(i)}$ die i-te Ableitung von y bezeichnet und F eine Funktion in den Variablen $x, y, y^{(1)}, \ldots, y^{(n)}$ ist.

Die Aufgabe, eine Lösung von (15.1.05) zu bestimmen, die zusätzlichen Bedingungen der Form

$$y(x_0) = y_0, y^{(1)}(x_0) = y_1, \ldots, y^{(n-1)}(x_0) = y_{n-1} \tag{15.1.06}$$

Anfangswertproblem
Anfangsbedingung

genügt, heißt *Anfangswertproblem* für (15.1.05). Die Bedingung (15.1.06) heißt *Anfangsbedingung*.

Eine explizite DGL erster Ordnung, also eine DGL der Form

$$y' = F(x, y) \tag{15.1.07}$$

15.1 Grundbegriffe der Differentialgleichungen

läßt sich geometrisch durch ein sog. *Richtungsfeld* veranschaulichen, in dem jedem Punkt $(x, y)^T$ ein *Linienelement* mit der Steigung $y' = F(x, y)$ zugeordnet wird. Z.B. für

Richtungsfeld
Linienelement

$$y' = F(x, y) = x + y \qquad (15.1.08)$$

ist das Richtungsfeld in Abb. 15.1.1 dargestellt.

Eine Funktion $y(x)$ ist genau dann eine Lösung von (15.1.07), wenn die Steigung ihres Graphen (der sog. *Lösungskurve*) in jedem Punkt mit der Richtung des Linienelements übereinstimmt.

Lösungskurve

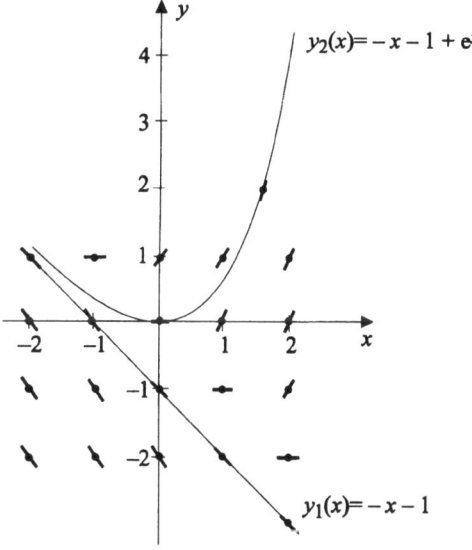

Abb. 15.1.1: Richtungsfeld der DGL (15.1.08) mit den Lösungen $y_1(x)$ und $y_2(x)$

Es existiert kein einheitliches Lösungsverfahren, das auf beliebige DGLn der Form (15.1.05) anwendbar ist. Nur für sehr spezielle Funktionen F konnten weitgehend voneinander unabhängige Methoden zur Bestimmung der allgemeinen Lösung entwickelt werden. Zur Einführung in die Theorie der DGLn werden wir uns mit gewöhnlichen DGLn erster Ordnung beschäftigen, die alle Spezialfälle von

$$F(x, y, y') := g(x, y) + h(x, y) y' = 0 \qquad (15.1.09)$$

darstellen: DGLn mit getrennten Variablen (Abschnitt 15.2), exakte DGLn (Abschnitt 15.3), Ähnlichkeits-DGLn (Abschnitt 15.4). Insbesondere lassen sich diese DGLn in der oben beschriebenen Weise durch ein Richtungsfeld veranschaulichen, da man (15.1.09) durch Auflösen nach y' in die explizite Form (15.1.07) überführen kann.

lineare DGL   Teilweise auf die vorangegangenen Ergebnisse aufbauend werden in den Abschnitten 15.5 und 15.6 sog. *lineare* DGLn *n*-ter Ordnung behandelt, also DGLn der Form

$$F(x, y, y^{(1)}, \ldots, y^{(n)}) := p_n(x)y^{(n)} + \ldots + p_1(x)y^{(1)} + p_0(x)y - r(x) = 0.$$

Die Funktion F in (15.1.05) ist dabei also eine lineare Funktion mit den Koeffizienten $p_i(x)$ und $r(x)$. Z.B. sind (15.1.01) und (15.1.02) lineare DGLn. In Abschnitt 15.7 werden schließlich zwei ökonomische Anwendungsbeispiele für lineare DGLn vorgestellt.

15.2 Differentialgleichung mit getrennten Variablen

Wir beginnen mit der Lösung von DGLn erster Ordnung, die sich in der Form

$$y' h(y) = g(x) \tag{15.2.01}$$

bzw.

$$\frac{dy}{dx} h(y) = g(x) \tag{15.2.02}$$

darstellen lassen. Da die Funktion h nur von y und die Funktion g nur von x abhängt, spricht man dabei von einer DGL mit „getrennten Variablen". Offensichtlich ist dies ein Spezialfall von (15.1.09) für $g(x, y) := -g(x)$ und $h(x, y) := h(y)$.

Wenn H und G Stammfunktionen von h und g bezeichnen, erhält man die zu (15.2.01) äquivalente Darstellung

$$\frac{d}{dx} H(y(x)) = g(x)$$

und somit

$$H(y) = G(x) + c. \tag{15.2.03}$$

bzw.

$$\int h(y)\, dy = \int g(x)\, dx \tag{15.2.04}$$

Wenn H in (15.2.03) invertierbar ist, läßt sich die allgemeine Lösung von (15.2.01) also in der Form

$$y(x) = H^{-1}(G(x) + c) \tag{15.2.05}$$

darstellen.

15.2 Differentialgleichung mit getrennten Variablen

Diese Lösungsmethode ist unter der Bezeichnung „Trennung der Variablen" bekannt, da die Variablen x und y beim Übergang von (15.2.02) nach (15.2.04) auf verschiedene Seiten der Gleichung gebracht werden.

Beispiel 15.2.1

Wir betrachten die DGL

$$y'e^y = x. \qquad (15.2.06)$$

Als Stammfunktion von $h(y) = e^y$ und $g(x) = x$ erhält man $H(y) = e^y$ und $G(x) = \dfrac{x^2}{2}$.

Gleichung (15.2.03) hat dann die Gestalt

$$e^y = \frac{x^2}{2} + c,$$

woraus sich die allgemeine Lösung

$$y(x) = ln\,(\frac{x^2}{2} + c) \qquad (15.2.07)$$

mit $\dfrac{x^2}{2} + c > 0$ ergibt.

Beispiel 15.2.2

Es soll die Lösung des Anfangswertproblems zu (15.2.06) mit $y(2) = 1$ bestimmt werden.

Man erhält diese durch geeignete Wahl von c in (15.2.07). Die Bedingung

$$y(2) = ln(\frac{2^2}{2} + c) = 1$$

liefert

$$ln(2 + c) = 1 \quad \Leftrightarrow \quad c = e - 2 \approx 0{,}718.$$

Die Funktion

$$y(x) = ln(\frac{x^2}{2} + e - 2)$$

mit $x \in \mathbf{R}$ ist also die Lösung des Anfangswertproblems.

Beispiel 15.2.3 (Logistisches Wachstum)

Es sei $y(t)$ der Automobilbestand in der BRD zum Zeitpunkt t. Verschiedene Faktoren, die das Wachstum von $y(t)$ mindern (u.a. die Beschränktheit der Ressourcen, steigende Umweltverschmutzung) führen zur Modellannahme, daß die relative Änderungsrate (vgl. Def. 13.4.2), die sog. Wachstumsrate $y'(t)/y(t)$, mit steigendem Bestand $y(t)$ linear abnimmt.

Für $y(t)$ erhält man somit die DGL

$$\frac{y'}{y} = \alpha - \beta y \tag{15.2.08}$$

mit $\alpha, \beta > 0$. Dividiert man (15.2.08) durch die rechte Seite, so ergibt sich

$$\frac{y'}{y(\alpha - \beta y)} = 1.$$

Diese DGL ist von der Gestalt (15.2.01) mit

$$h(y) = \frac{1}{y(\alpha - \beta y)}, \qquad g(t) = 1.$$

Die Funktion h läßt sich in der Form

$$h(y) = \frac{1}{y(\alpha - \beta y)} = \frac{1}{\alpha y} + \frac{\beta}{\alpha(\alpha - \beta y)}$$

darstellen, was man leicht nachprüft, indem man die Gleichung mit $\alpha y(\alpha - \beta y)$ multipliziert. Ausklammern von $\frac{1}{\alpha}$ führt zu

$$h(y) = \frac{1}{\alpha}\left(\frac{1}{y} - \frac{-\beta}{\alpha - \beta y}\right).$$

Als Stammfunktion von h erhält man somit

$$H(y) = \frac{1}{\alpha}(\ln y - \ln(\alpha - \beta y))$$
$$= \frac{1}{\alpha} \ln \frac{y}{\alpha - \beta y}$$

Da $F(t) = t$ eine Stammfunktion von $f(t) = 1$ ist, läßt sich y in der Form

$$\frac{1}{\alpha} \ln \frac{y}{\alpha - \beta y} = t + c \tag{15.2.09}$$

schreiben.

Schrittweises Auflösen nach y ergibt dann

15.2 Differentialgleichung mit getrennten Variablen

$$\ln\frac{y}{\alpha-\beta y} = \alpha(t+c) \quad \Leftrightarrow$$

$$\frac{y}{\alpha-\beta y} = e^{\alpha(t+c)} \quad \Leftrightarrow$$

$$\frac{\alpha-\beta y}{y} = \frac{\alpha}{y} - \beta = e^{-\alpha(t+c)} \quad \Leftrightarrow$$

$$y = \frac{\alpha}{\beta + e^{-\alpha(t+c)}} \quad \Leftrightarrow$$

$$y = \frac{\frac{\alpha}{\beta}}{1 + \frac{1}{\beta}e^{-\alpha t}e^{-\alpha c}}$$

Mit $\quad a := \frac{\alpha}{\beta}, \quad b := \frac{1}{\beta}e^{-\alpha c}, \quad c := \alpha$

erhält man schließlich die Darstellung

$$y(t) = \frac{a}{1+be^{-ct}}. \tag{15.2.10}$$

Eine Funktion der Form (15.2.10) heißt eine *logistische Funktion*. Sie ist monoton wachsend und strebt für $t \to \infty$ gegen den Grenzwert a. Die konkreten Parameterwerte a, b und c bestimmt man durch Lösen des Anfangswertproblems $y(0) = y_0$ und Anpassung der Funktion an empirische Daten, worauf wir an dieser Stelle verzichten wollen. Eine detaillierte Untersuchung der logistischen Funktion erfolgt in Kap. 16.

logistische Funktion

Übungsaufgabe 15.2.4

Nimmt man im obigen Beispiel ungehindertes Wachstum an, so ist die Wachstumsrate konstant, d.h. es gilt

$$\frac{y'}{y} = \alpha \tag{15.2.11}$$

Dies ist der Spezialfall von (15.2.08) für $\beta = 0$.

i) Lösen Sie die DGL (15.2.11).
ii) Lösen Sie das Anfangswertproblem $y(0) = y_0$ für (15.2.11).

Übungsaufgabe 15.2.5

Lösen Sie die DGLn

i) $\quad \dfrac{y'}{y^2} = \sin x \quad$ mit $y \neq 0$

ii) $\quad y'e^y = x^3.$

15.3 Exakte Differentialgleichung

Eine DGL der Form

$$g(x, y) + h(x, y)\, y' = 0 \qquad (15.3.01)$$

exakte/totale DGL (vgl. (15.1.09)) heißt *exakt* oder *total*, wenn eine Funktion $F(x, y)$ mit

$$F_x(x, y) = g(x, y) \quad \text{und} \quad F_y(x, y) = h(x, y) \qquad (15.3.02)$$

existiert.

Bemerkung 15.3.1

Die im vorigen Abschnitt behandelte DGL mit getrennten Variablen (vgl. (15.2.01)), die sich auch in der Form

$$-g(x) + h(y)y' = 0$$

schreiben läßt, ist ein Spezialfall einer exakten DGL. Denn für

$$F(x, y) := -G(x) + H(y)$$

wobei F und G Stammfunktionen von g bzw. von h sind, gilt offenbar

$$F_x(x, y) = -g(x) \quad \text{und} \quad F_y(x, y) = h(y).$$

Beispiel 15.3.2

Die DGL

$$2y^3 x e^{x^2} + 3y^2 e^{x^2} y' = 0$$

ist exakt, da die Funktion

$$F(x, y) := y^3 e^{x^2}$$

15.3 Exakte Differentialgleichung

den Bedingungen

$$F_x(x, y) = 2y^3 x e^{x^2} =: g(x, y)$$

und

$$F_y(x, y) = 3y^2 e^{x^2} =: h(x, y)$$

genügt.

Die exakte DGL ist allgemein lösbar, da man (15.3.01) nach der verallgemeinerten Kettenregel (vgl. Abschnitt 13.2) wie folgt umformen kann:

$$g(x, y) + h(x, y)y' = 0 \quad \Leftrightarrow$$
$$F_x(x, y) + F_y(x, y)y' = 0 \quad \Leftrightarrow$$
$$\frac{d}{dx}F(x, y(x)) = 0.$$

Die Funktion $F(x, y(x))$ in der letzten Gleichung wird dabei als eindimensionale Funktion in der Variablen x aufgefaßt.

Die Lösungsmenge von (15.3.01) besteht also aus der Menge der Funktionen y, die der Bedingung

$$F(x, y(x)) = c \qquad (15.3.03)$$

für ein $c \in \mathbf{R}$ genügen.

Beispiel 15.3.3

Die allgemeine Lösung der DGL in Bsp. 15.3.2 ist also gegeben durch

$$y^3 e^{x^2} = c.$$

Auflösen nach y ergibt

$$y(x) = \left(\frac{c}{e^{x^2}}\right)^{\frac{1}{3}}$$
$$= c^* e^{-\frac{1}{3}x^2}$$

für $c^* = c^{\frac{1}{3}}$.

An einer DGL der Form (15.3.01) läßt sich nicht immer unmittelbar erkennen, ob es sich dabei um eine exakte DGL handelt, d.h. ob eine Funktion $F(x, y)$ existiert, die den Bedingungen (15.3.02) genügt. Zur Beantwortung dieser Frage ist das folgende Kriterium nützlich:

Satz 15.3.4

Die Funktion $h(x, y)$ und $g(x, y)$ seien partiell differenzierbar. Dann gilt: Die DGL (15.3.01) ist genau dann exakt, wenn

$$g_y(x, y) = h_x(x, y) \tag{15.3.04}$$

erfüllt ist.

Wenn eine Funktion $F(x, y)$ mit

$$F_x(x, y) = g(x, y) \quad \text{und} \quad F_y(x, y) = h(x, y)$$

existiert, so folgt unter der Voraussetzung der partiellen Differenzierbarkeit von g und h

$$g_y(x, y) = F_{xy}(x, y) = F_{yx}(x, y) = h_x(x, y)$$

(vgl. Bem. 13.2.23 i)).

Somit ist nachgewiesen, daß exakte DGLn der Bedingung (15.3.04) genügen.

Die umgekehrte Beweisrichtung wird weiter unten konstruktiv geführt.

Beispiel 15.3.5

Wir wollen prüfen, ob die DGL

$$(1+xy)e^{xy} + x^2 e^{xy} y' = 0$$

exakt ist.

Mit $g(x, y) := (1 + xy) e^{xy}$ und $h(x, y) := x^2 e^{xy}$ gilt
$$g_y(x, y) = (2 + xy) x e^{xy} = h_x(x, y).$$

Nach Satz 15.3.4 ist die DGL also exakt.

15.3 Exakte Differentialgleichung

Mit Hilfe des obigen Satzes kann also festgestellt werden, ob eine DGL der Form (15.3.01) exakt ist. Falls dem so ist, muß noch die Funktion $F(x, y)$ in (15.3.02) bestimmt werden. Dabei geht man wie folgt vor:

Aus der ersten Bedingung in (15.3.02) folgt

$$F(x,y) = \int g(x,y)\,dx + c(y),$$
$$ = G(x,y) + c(y), \qquad (15.3.05)$$

wobei G eine Stammfunktion von g bezüglich x und c eine nur von y abhängige Funktion ist. Die zweite Bedingung in (15.3.02) liefert nun

$$F_y(x, y) = G_y(x, y) + c'(y) = h(x, y),$$

also

$$c'(y) = h(x, y) - G_y(x, y) \qquad (15.3.06)$$

Einsetzen der rechten Seite von (15.3.06) in (15.3.05) ergibt schließlich

$$F(x,y) = G(x,y) + \int (h(x,y) - G_y(x,y))\,dy. \qquad (15.3.07)$$

Zusammenfassend ergibt sich aus (15.3.03) das folgende Kriterium zur Bestimmung der allgemeinen Lösung einer exakten DGL.

Satz 15.3.6

> **Ist die DGL (15.3.01) exakt, so ist ihre allgemeine Lösung implizit durch**
>
> $$G(x,y) + \int (h(x,y) - G_y(x,y))\,dy = c \qquad (15.3.08)$$
>
> **gegeben, wobei $G(x, y)$ eine Stammfunktion von $g(x, y)$ bezüglich x ist und $c \in R$.**

⌧

Beispiel 15.3.7

Es soll die allgemeine Lösung der exakten DGL in Bsp. 15.3.5 bestimmt werden. Zunächst ist eine Stammfunktion $G(x, y)$ von

$$g(x, y) = (1 + xy)\,e^{xy} \qquad (15.3.09)$$

bezüglich x zu bestimmen. Durch partielle Integration mit $f_1(x) := 1 + xy$ und $f_2'(x) := e^{xy}$ (vgl. (12.1.4)) erhält man

$$G(x,y) = \int (1+xy)e^{xy}\,dx$$
$$= (1+xy)\frac{1}{y}e^{xy} - \int \frac{1}{y}e^{xy}y\,dx$$
$$= xe^{xy} + c.$$

Die Gleichung (15.3.08) lautet somit

$$xe^{xy} + \int (x^2 e^{xy} - x^2 e^{xy})\,dy = c.$$

Da das Integral eine Konstante ergibt, ist die allgemeine Lösung der DGL implizit durch

$$xe^{xy} = c^*$$

gegeben. Auflösen nach y ergibt

$$y(x) = \frac{1}{x} \ln \frac{c^*}{x} \qquad (15.3.10)$$

mit $x \neq 0$, $\dfrac{c^*}{x} > 0$.

Zur Probe setzen wir (15.3.10) in die DGL in Bsp. 15.3.5 ein und erhalten wegen

$$y'(x) = \frac{-1 - \ln\frac{c^*}{x}}{x^2}$$

die für alle x mit $x \neq 0$ und $\dfrac{c^*}{x} > 0$ gültige Beziehung

$$\left(1 + \ln\frac{c^*}{x}\right)\frac{c^*}{x} + x^2 \frac{c^*}{x} \cdot \frac{-1 - \ln\frac{c^*}{x}}{x^2} = 0.$$

Übungsaufgabe 15.3.8

Prüfen sie nach, welche der folgenden DGLn exakt sind:

i) $\quad y^2 \cos x + 2y \sin x\, y' = 0$,

ii) $\quad e^y + (xe^y + 2y)y' = 0$,

iii) $\quad x \sin xy + y \cos xy\, y' = 0$,

iv) $\quad \cos x\, e^y + \sin x\, e^y y' = 0$.

15.4 Ähnlichkeitsdifferentialgleichung

Stellen Sie für die exakten DGLn die allgemeine Lösung implizit in Form von (15.3.08) dar. Wenn möglich, lösen Sie diese Gleichung nach y auf, und machen Sie die Probe durch Einsetzen von $y(x)$ in die jeweilige DGL.

15.4 Ähnlichkeitsdifferentialgleichung

In diesem Abschnitt betrachten wir den Spezialfall der DGL (15.1.09) für

$$g(x, y) = -g\left(\frac{y}{x}\right), \quad h(x, y) = 1.$$

Dabei ergibt sich für $x \neq 0$ die DGL

$$y' = g\left(\frac{y}{x}\right), \tag{15.4.01}$$

die als *Ähnlichkeitsdifferentialgleichung* bezeichnet wird. Die Bezeichnung leitet sich von der Tatsache ab, daß mit jeder Lösung $y(x)$ von (15.4.01) auch jede durch Ähnlichkeitsabbildung bzgl. des Koordinatenursprungs aus $y(x)$ hervorgehende Funktion wiederum eine Lösung von (15.4.01) darstellt. (In der Literatur wird (15.4.01) auch häufig als „homogene DGL" bezeichnet. Dies ist jedoch insofern verwirrend, als sich die homogene lineare DGL erster Ordnung, die wir in Abschnitt 15.5 einführen werden, i.a. nicht in der Form (15.4.01) darstellen läßt.)

*Ähnlichkeits-
differentialgleichung*

Übungsaufgabe 15.4.1

Zeigen Sie, daß (15.4.01) für eine nicht-konstante Funktion g keine exakte DGL ist.

Zur Lösung der Ähnlichkeits-DGL ist die Substitution

$$z := \frac{y}{x} \quad \text{bzw.} \quad y = zx \tag{15.4.02}$$

mit

$$y' = (zx)' = z + xz' \tag{15.4.03}$$

naheliegend. Einsetzen von (15.4.02) und (15.4.03) in (15.4.01) ergibt die DGL

$$z + xz' = g(z).$$

Auflösen nach $\frac{1}{x}$ führt zu $g(z) \neq 0$ zu dem Spezialfall

$$\frac{z'}{g(z)-z} = \frac{1}{x} \qquad (15.4.04)$$

von (15.2.01), der sich nach der Methode von Abschnitt 15.2 lösen läßt.

Wenn f eine Stammfunktion von $\dfrac{1}{g(z)-z}$ bezeichnet, so läßt sich die allgemeine Lösung von (15.4.04) implizit in der Form

$$f(z) = \ln|x| + c$$

darstellen. Resubstitution von z ergibt dann die allgemeine Lösung der Ähnlichkeits-DGL (15.4.01). Das Ergebnis wird im folgenden Satz zusammengefaßt.

Satz 15.4.1

Die allgemeine Lösung der Ähnlichkeits-DGL

$$y' = g\left(\frac{y}{x}\right)$$

ist implizit durch die Gleichung

$$f\left(\frac{y}{x}\right) = \ln|x| + c$$

gegeben, wobei $f(z)$ eine Stammfunktion von $\dfrac{1}{g(z)-z}$ bezeichnet ($x \neq 0$, $g(z) \neq z$).

☞

Beispiel 15.4.2

Gesucht ist die allgemeine Lösung der DGL

$$y' = \frac{y}{x} + \left(\frac{y}{x}\right)^3. \qquad (15.4.05)$$

Es ist $g(z) = z + z^3$ und

$$\int \frac{1}{g(z)-z}\, dz = \int \frac{1}{z^3}\, dz = \frac{1}{-2z^2} + c.$$

Man kann also $f(z) := \dfrac{1}{-2z^2}$ setzen. Nach Satz 15.4.1 ist die allgemeine Lösung von (15.4.05) implizit gegeben durch

$$f\left(\frac{y}{x}\right) = \ln|x| + c$$

15.4 Ähnlichkeitsdifferentialgleichung

also

$$\frac{x^2}{-2y^2} = \ln|x| + c$$

Auflösen nach y ergibt

$$y(x) = \pm\sqrt{\frac{x^2}{-2(\ln|x|+c)}}$$
$$= \pm\frac{x}{\sqrt{c^* - 2\ln|x|}}$$

(15.4.06)

mit $c^* := -2c$.

Übungsaufgabe 15.4.3

Überzeugen Sie sich von der Richtigkeit des vorstehenden Ergebnisses, indem Sie die Funktion (15.4.06) in (15.4.05) einsetzen.

Beispiel 15.4.4

Wir wollen die Menge aller eindimensionalen Funktionen mit konstanter Elastizität bestimmen (vgl. Def. 13.4.2). Es ist also die DGL

$$EY(x) = \frac{xy'(x)}{y(x)} = a$$

zu lösen. Sie ist durch Auflösen nach y' in die Ähnlichkeits-DGL

$$y' = a\frac{y}{x}$$

(15.4.07)

überführbar. Für die Funktion $g(z)$ in Satz 15.4.1 erhält man

$$g(z) = az.$$

Eine Stammfunktion von

$$\frac{1}{g(z)-z} = \frac{1}{(a-1)z}$$

ist

$$f(z) = \frac{1}{a-1}\ln|z|$$

Die allgemeine Lösung von (15.4.07) ist somit implizit durch

$$f\left(\frac{y}{x}\right) = \frac{1}{a-1} \ln\left|\frac{y}{x}\right| = \ln|x| + c$$

gegeben. Multiplikation dieser Gleichung mit $(a-1)$ und Anwendung der Exponentialfunktion auf beiden Seiten ergibt

$$\left|\frac{y}{x}\right| = e^{(a-1)\ln|x|} \cdot e^{(a-1)c}$$
$$= |x|^{a-1} \cdot e^{(a-1)c},$$

also

$$|y| = |x|^a \cdot e^{(a-1)c}.$$

Für $x > 0$ läßt sich dies in der Form

$$y = cx^a \qquad (15.4.08)$$

schreiben mit $c := e^{(a-1)c}$. Dies ist der eindimensionale Fall der bereits mehrfach erwähnten Cobb-Douglas-Funktion (vgl. u.a. Bsp. 13.1.23).

Bemerkung 15.4.5

Als ökonomische Anwendung des obigen Beispiels läßt sich also folgendes feststellen:

Eine eindimensionale Produktionsfunktion $y(x)$ hat genau dann eine konstante Elastizität, wenn sie von der Form (15.4.08), d.h. wenn sie eine Cobb-Douglas-Funktion ist.

In Verallgemeinerung dieser Aussage gilt, daß genau dann alle partiellen Elastizitäten einer mehrdimensionalen Produktionsfunktion konstant sind, wenn sie eine Cobb-Douglas-Funktion ist.

Übungsaufgabe 15.4.6

Bestimmen Sie die allgemeine Lösung der folgenden Ähnlichkeits-DGLn:

i) $\quad y' = \dfrac{y}{x} + \dfrac{2}{\cos\frac{y'}{x}}$

15.5 Allgemeine lineare Differentialgleichungen

ii) $y' = \left(\dfrac{y}{x}\right)^2$, Hinweis: $\dfrac{1}{z^2 - z} = \dfrac{1}{z-1} - \dfrac{1}{z}$,

iii) $xy' = xe^{\frac{y}{x}} + y$.

Geben Sie jeweils die Lösung mit Hilfe von Satz 15.4.1 in impliziter Form an. Wenn möglich, lösen Sie diese Darstellung nach y auf.

15.5 Allgemeine lineare Differentialgleichungen

Eine DGL heißt linear, wenn die Funktion F in (15.1.05) eine lineare Funktion ist, d.h. wenn die DGL die Form

$$F(x, y, y^{(1)}, \ldots, y^{(n)}) := $$
$$p_n(x)y^{(n)} + \ldots + p_1(x)y^{(1)} + p_0(x)y - r(x) = 0 \tag{15.5.01}$$

hat. Üblicherweise schreibt man (15.5.01) in der Form

$$p_n(x)y^{(n)} + \ldots + p_1(x)y^{(1)} + p_0(x)y = r(x), \tag{15.5.02}$$

wobei die p_i und r in einem Intervall stetige Funktionen in der unabhängigen Variablen x sind. Es wird ferner $p_n(x) \neq 0$ für alle x angenommen, damit die Gleichung nach $y^{(n)}$ auflösbar ist. Wenn $r(x)$ identisch gleich 0 ist, so heißt (15.5.02) *homogen*, andernfalls *inhomogen*.

homogen/inhomogen

Es ist i.a. nicht möglich, die Lösungsmenge einer linearen DGL der Ordnung ≥ 2 in geschlossener Form anzugeben. Wir behandeln daher zunächst die lineare DGL erster Ordnung, die nach Division durch $p_1(x)$ die Gestalt

$$p(x)y + y' = q(x) \tag{15.5.03}$$

annimmt.

Die letzte DGL läßt sich auf elegante Weise lösen, indem man beide Seiten mit dem Faktor $e^{P(x)}$ multipliziert, wobei $P(x)$ eine Stammfunktion von $p(x)$ bezeichnet. Auf diese Weise erhält man die DGL

$$e^{P(x)}y' + p(x)e^{P(x)}y = q(x)e^{P(x)}. \tag{15.5.04}$$

Da auf der linken Seite die Ableitung der Funktion $e^{P(x)}y(x)$ nach x steht, kann man (15.5.04) wie folgt umformen:

$$\frac{d}{dx}(e^{P(x)}y(x)) = q(x)e^{P(x)} \quad \Leftrightarrow$$
$$e^{P(x)}y(x) = \int q(x)e^{P(x)}dx \quad \Leftrightarrow$$
$$y(x) = e^{-P(x)} \cdot \int q(x)e^{P(x)}dx$$

Das Ergebnis soll zusammenfassend als Satz formuliert werden.

Satz 15.5.1

Die allgemeine Lösung der linearen DGL erster Ordnung

$$y' + p(x)y = q(x)$$

ist

$$y(x) = e^{-P(x)} \cdot \int q(x)e^{P(x)}dx,$$

wobei P eine Stammfunktion von p bezeichnet.

Für den Spezialfall $q(x) = 0$ im homogenen Fall erhält man daraus

$$y(x) = ce^{-P(x)}.$$

Bemerkung 15.5.2

i) Subtrahiert man von (15.5.04) die rechte Seite, so ergibt sich die DGL

$$(p(x)y - q(x))e^{P(x)} + e^{P(x)}y' = 0. \tag{15.5.05}$$

Dies ist nach Satz 15.3.4 eine exakte DGL, da

$$\frac{\partial}{\partial y}(p(x)y - q(x))e^{P(x)} = p(x)e^{P(x)} = \frac{\partial}{\partial x}e^{P(x)}$$

gilt. Prinzipiell kann man (15.5.05) dann mit Hilfe von Satz 15.3.6 lösen. Diese Vorgehensweise bei der Lösung der linearen DGL erster Ordnung ist jedoch komplizierter als der oben beschriebene Weg.

ii) Im homogenen Fall läßt sich (15.5.03) auch in der Form

$$y'\frac{1}{y} = -p(x)$$

schreiben. Dies ist ein Spezialfall von (15.2.01), der sich durch Trennung der Variablen lösen läßt.

15.5 Allgemeine lineare Differentialgleichungen

Beispiel 15.5.3

i) Die allgemeine Lösung der inhomogenen linearen DGL

$$y' + xy = x$$

ist

$$\begin{aligned}y(x) &= e^{-\frac{x^2}{2}} \int x e^{\frac{x^2}{2}} dx \\ &= e^{-\frac{x^2}{2}} \left(e^{\frac{x^2}{2}} + c \right) \\ &= 1 + ce^{-\frac{x^2}{2}}.\end{aligned}$$

ii) Für die homogene DGL

$$y' + \sin x \, y = 0$$

erhält man die allgemeine Lösung

$$y(x) = ce^{\cos x}.$$

Übungsaufgabe 15.5.4

Bestimmen Sie mit Hilfe von Satz 15.5.1 die allgemeine Lösung der linearen DGLn

i) $\quad y' + x^2 y = 0$

ii) $\quad y' + y = \sin x.$

Hinweis zu ii): Ermitteln Sie $\int \sin x \, e^x dx$ durch zweimalige Anwendung der partiellen Integration.

Die folgenden Sätze 15.5.5 und 15.5.11 sind nützliche Hilfsmittel zur Bestimmung der allgemeinen Lösung einer linearen DGL der Ordnung ≥ 2.

Satz 15.5.5 (Reduktion der Ordnung)

Es sei

$$p_n(x)y^{(n)} + \ldots + p_1(x)y^{(1)} + p_0(x)y = r(x) \qquad (15.5.06)$$

eine lineare DGL n-ter Ordnung und

$$p_n(x)y^{(n)} + \ldots + p_1(x)y^{(1)} + p_0(x)y = 0 \qquad (15.5.07)$$

die zugehörige homogene DGL. Wenn $y_1(x)$ eine nichttriviale Lösung von (15.5.07) ist, d.h. $y_1(x)$ ist nicht identisch gleich Null, dann hat (15.5.06) eine Lösung der Form

$$y(x) = y_1(x)z(x). \qquad (15.5.08)$$

Die Funktion $z(x)$ ermittelt man durch Einsetzen von $y_1(x)\,z(x)$ für $y(x)$ in (15.5.06). Dies führt zu einer DGL der Ordnung $n-1$.

Die Aussage wird am folgenden Beispiel veranschaulicht:

Beispiel 15.5.6

Durch Einsetzen überprüft man leicht, daß

$$y_1(x) = x^3$$

eine Lösung der linearen DGL

$$3y + xy' - x^2 y'' = 0 \qquad (15.5.09)$$

ist. Aus dem obigen Satz folgt, daß (15.5.09) eine Lösung der Form

$$y(x) = x^3 z(x) \qquad (15.5.10)$$

besitzt. Einsetzen von $x^3 z(x)$ in (15.5.09) ergibt die DGL

$$3x^3 z + x(x^3 z)' - x^2(x^3 z)'' = 0 \quad \Leftrightarrow$$
$$3x^3 z + x(3x^2 z + x^3 z') - x^2(6xz + 6x^2 z' + x^3 z'') = 0.$$

Aus der letzten DGL lassen sich alle Terme mit z „herauskürzen". Man erhält dadurch die vereinfachte DGL

$$x^4 z' - 6x^4 z' - x^5 z'' = 0 \quad \Leftrightarrow$$
$$\frac{5}{x} z' + z'' = 0. \qquad (15.5.11)$$

Die Substitution $u := z'$ führt dann zur DGL

$$\frac{5}{x} u + u' = 0, \qquad (15.5.12)$$

15.5 Allgemeine lineare Differentialgleichungen

deren Ordnung gegenüber der ursprünglichen DGL (15.5.09) um eins verringert ist. Mit Hilfe von Satz 15.5.1 findet man

$$u(x) = -4e^{-5\ln x} = -4x^{-5}$$

als spezielle Lösung von (15.5.11).
Somit ist

$$z(x) = x^{-4}$$

eine Stammfunktion von u und eine Lösung von (15.5.11). Einsetzen von $z(x)=x^{-4}$ in (15.5.10) liefert die spezielle Lösung

$$y(x) = \frac{1}{x}$$

der DGL (15.5.09), was man leicht durch Einsetzen überprüft.

Übungsaufgabe 15.5.7

Bestimmen Sie mittels Satz 15.5.5 eine spezielle Lösung der linearen DGL

$$y'' - y = 2.$$

Beachten Sie, daß $y_1(x) = e^x$ eine Lösung der zugehörigen homogenen DGL ist.

Im Folgenden wird eine nützliche Aussage über die „Bauart" der allgemeinen Lösung von (15.5.02) hergeleitet, die insbesondere im nächsten Abschnitt Anwendung finden wird. Hierzu wird analog zu den entsprechenden Begriffen bei Vektoren die lineare (Un-)Abhängigkeit von Funktionen definiert.

Definition 15.5.8

Die auf einem gemeinsamen Definitionsbereich $D \subset R$ definierten Funktionen

$$y_1(x),\ldots, y_n(x) \tag{15.5.13}$$

heißen linear abhängig (auf D), wenn reelle Zahlen $\alpha_1,\ldots,\alpha_n$ existieren, die nicht alle gleich 0 sind, so daß

linear unabhängig

$$\alpha_1 y_1(x) + \ldots + \alpha_n y_n(x) \equiv 0 \qquad (15.5.14)$$

gilt. Andernfalls heißen die Funktionen (15.5.13) *linear unabhängig*.

Fundamentalsystem

Wenn die Funktionen in (15.5.13) linear unabhängige Lösungen einer homogenen linearen DGL n-ter Ordnung darstellen, so heißt (15.5.13) ein *Fundamentalsystem* dieser DGL.

Beispiel 15.5.9

i) Die Funktionen

$$y_1(x) := x, \quad y_2(x) := x^2, \quad y_3(x) := x^4$$

sind linear unabhängig auf R, da

$$\alpha_1 x + \alpha_2 x^2 + \alpha_3 x^4 \equiv 0$$

nur für $\alpha_1 = \alpha_2 = \alpha_3 = 0$ erfüllt ist.

ii) Die Funktionen

$$y_1(x) := sin^2 x, \quad y_2(x) := 1 - cos^2 x, \quad y_3(x) := e^x$$

sind linear abhängig auf R, da

$$\alpha_1 sin^2 x + \alpha_2 (1 - cos^2 x) + \alpha_3 e^x \equiv 0$$

für $\alpha_1 = 1, \alpha_2 = -1, \alpha_3 = 0$ erfüllt ist.

Allgemein gilt die folgende Aussage.

Satz 15.5.10

Für beliebige (auf einem Definitionsbereich $D \subset R$) definierte Polynome $p_1(x), \ldots, p_n(x)$ und paarweise verschiedene reelle Zahlen $k_1, \ldots, k_n$ sind die Funktionen

$$y_1(x) := p_1(x) e^{k_1 x}, \ldots, y_n(x) := p_n(x) e^{k_n x}$$

linear unabhängig.

15.5 Allgemeine lineare Differentialgleichungen

Satz 15.5.11

Es sei

$$p_n(x)y^{(n)} + \ldots + p_1(x)y^{(1)} + p_0(x)y = r(x) \qquad (15.5.15)$$

eine inhomogene lineare DGL und

$$p_n(x)y^{(n)} + \ldots + p_1(x)y^{(1)} + p_0(x)y = 0, \qquad (15.5.16)$$

**die zugehörige homogene Gleichung.
Wenn die Funktionen**

$$y_1(x),\ldots,y_n(x)$$

ein Fundamentalsystem von (15.5.16) darstellen, so ist

$$c_1 y_1(x) + \ldots + c_n y_n(x)$$

mit $c_1,\ldots,c_n \in R$ die allgemeine Lösung von (15.5.16). Die Funktion

$$c_1 y_1(x) + \ldots + c_n y_n(x) + \Phi(x)$$

ist die allgemeine Lösung von (15.5.15), wenn $\Phi(x)$ eine beliebige spezielle Lösung von (15.5.15) bezeichnet.

Beispiel 15.5.12

Wie bereits in Bsp. 15.5.6 gezeigt wurde, sind

$$y_1(x) := x^3, \qquad y_2(x) = \frac{1}{x}$$

zwei spezielle Lösungen der linearen DGL (15.5.09). Da y_1 und y_2 offenbar linear unabhängige Funktionen auf $R\setminus\{0\}$ sind, lautet die allgemeine Lösung von (15.5.09)

$$c_1 x^3 + c_2 \frac{1}{x}.$$

Übungsaufgabe 15.5.13

Geben Sie die allgemeine Lösung der DGL

$$y'' - y = 2$$

an (vgl. Übungsaufgabe 15.5.7).

15.6 Lineare Differentialgleichungen mit konstanten Koeffizienten

Von besonderer Bedeutung für die Ökonomie sowie für andere mathematische Anwendungsbereiche ist die lineare Differentialgleichung mit konstanten Koeffizienten. Ihre allgemeine Form ergibt sich aus (15.5.02), wenn die $p_i(x)$ konstante Funktionen sind:

$$p_n y^{(n)} + \ldots + p_1 y^{(1)} + p_0 y = r(x). \tag{15.6.01}$$

Dabei wird stets $p_n \neq 0$ vorausgesetzt.

In diesem Abschnitt zeigen wir, wie sich mit Hilfe von Satz 15.5.11 die allgemeine Lösung der DGL (15.6.01) ermitteln läßt. Hierzu ist ein Fundamentalsystem der zugehörigen homogenen DGL

$$p_n y^{(n)} + \ldots + p_1 y^{(1)} + p_0 y = 0 \tag{15.6.02}$$

zu bestimmen, mit dessen Hilfe man dann die allgemeine Lösung von (15.6.01) darstellen kann.

Um eine spezielle Lösung von (15.6.02) zu ermitteln, ist der Ansatz

$$y(x) = e^{\lambda x} \tag{15.6.03}$$

naheliegend, d.h. man sucht eine Funktion der Form (15.6.03), die der DGL (15.6.02) genügt. Einsetzen von $e^{\lambda x}$ in (15.6.02) führt wegen

$$y^{(i)}(x) = \lambda^i e^{\lambda x}$$

zur Gleichung

$$p_n \lambda^n e^{\lambda x} + \ldots + p_1 \lambda e^{\lambda x} + p_0 e^{\lambda x} = 0, \tag{15.6.04}$$

charakteristische Gleichung aus der man nach Division durch $e^{\lambda x}$ die sog. *charakteristische Gleichung* von (15.6.02)

$$p_n \lambda^n + \ldots + p_1 \lambda + p_0 = 0 \tag{15.6.05}$$

charakteristisches Polynom erhält. Die linke Seite von (15.6.04) ist ein Polynom in der Variablen λ, es heißt das *charakteristische Polynom* von (15.6.02).

15.6 Lineare Differentialgleichungen mit konstanten Koeffizienten

Eine Funktion $y(x) = e^{\lambda x}$ ist also genau dann eine Lösung von (15.6.02), wenn (15.6.04) bzw. (15.6.05) erfüllt ist, d.h. wenn λ eine Nullstelle des charakteristischen Polynoms ist.

Wenn letzteres lauter verschiedene reelle Nullstellen $\lambda_1,\ldots,\lambda_n$ besitzt, so sind

$$y_1(x) = e^{\lambda_1 x},\ldots, y_n(x) = e^{\lambda_n x}$$

n Lösungen der DGL (15.6.02), die nach Satz 15.5.10 ein Fundamentalsystem bilden. Es ergibt sich unmittelbar die folgende Aussage (vgl. Satz 15.5.11).

Satz 15.6.1

Das charakteristische Polynom von (15.6.02) habe die verschiedenen reellen Nullstellen $\lambda_1,\ldots,\lambda_n$.

Die allgemeine Lösung von (15.6.01) lautet dann

$$c_1 e^{\lambda_1 x} + \ldots + c_n e^{\lambda_n x} + \Phi(x),$$

wobei $\Phi(x)$ eine beliebige spezielle Lösung von (15.6.01) bezeichnet.

Beispiel 15.6.2

Wir betrachten die DGL

$$y''' - 7y'' + 14' - 8y = 0. \qquad (15.5.06)$$

Das charakteristische Polynom lautet

$$\lambda^3 - 7\lambda^2 + 14\lambda - 8 = (\lambda - 1)(\lambda - 2)(\lambda - 4).$$

Die Nullstellen sind also $\lambda_1 = 1, \lambda_2 = 2, \lambda_3 = 4$.

Somit ist

$$y_1(x) = e^x, \qquad y_2(x) = e^{2x}, \qquad y_3(x) = e^{4x}$$

ein Fundamentalsystem der DGL (15.6.06), deren allgemeine Lösung

$$y(x) = c_1 e^x + c_2 e^{2x} + c_3 e^{4x}$$

lautet.

Übungsaufgabe 15.6.3

Bestimmen Sie ein Fundamentalsystem sowie die allgemeine Lösung für die homogene lineare DGL

$$y''' + y'' - 2y' = 0.$$

Die Bestimmung eines Fundamentalsystems von (15.6.02) ist wesentlich schwieriger, wenn das charakteristische Polynom komplexe und/oder mehrfache Nullstellen besitzt.

Das allgemeine Ergebnis wird ohne Beweis im folgenden Satz zusammengefaßt.

Satz 15.6.4

> **Es sei die homogene lineare DGL (15.6.02) gegeben.**
>
> **Zu jeder reellen k-fachen Nullstelle λ des charakteristischen Polynoms erhält man die k Lösungen**
>
> $$e^{\lambda x}, xe^{\lambda x}, \ldots, x^{k-1}e^{\lambda x}$$
>
> **von (15.6.02).**
>
> **Zu jeder komplexen k-fachen Nullstelle $\lambda = \mu + i\nu$ mit $\nu > 0$ erhält man die $2k$ Lösungen**
>
> $$e^{\mu x} \cos\nu x, xe^{\mu x} \cos\nu x, \ldots, x^{k-1}e^{\mu x} \cos\nu x,$$
> $$e^{\mu x} \sin\nu x, xe^{\mu x} \sin\nu x, \ldots, x^{k-1}e^{\mu x} \sin\nu x,$$
>
> **von (15.6.02).**
>
> **Faßt man all diese Lösungen zusammen, so erhält man n Lösungen, die ein Fundamentalsystem von (15.6.02) bilden.**

Aufbauend auf den obigen Satz gewinnt man dann mit Hilfe von Satz 15.5.11 die allgemeine Lösung der DGL (15.6.01).

Die Aussage von Satz 15.6.4 wird am folgenden Beispiel illustriert.

15.6 Lineare Differentialgleichungen mit konstanten Koeffizienten

Beispiel 15.6.5

Wir betrachten die homogene lineare DGL

$$y^{(5)} - 5y^{(4)} + 6y^{(3)} + 18y^{(2)} - 7y^{(1)} - 13y = 0. \tag{15.6.07}$$

Das charakteristische Polynom ist

$$\begin{aligned}p(\lambda) &= \lambda^5 - 5\lambda^4 + 6\lambda^3 + 18\lambda^2 - 7\lambda - 13 \\ &= (\lambda - 3 + 2i)(\lambda - 3 - 2i)(\lambda + 1)^2(\lambda - 1).\end{aligned}$$

Für die Bestimmung des Fundamentalsystems relevant sind also

- die einfache reelle Nullstelle $\lambda_1 = 1$,
- die zweifache reelle Nullstelle $\lambda_2 = -1$,
- die einfache komplexe Nullstelle $\lambda_3 = 3 + 2i$.

Für $\lambda_1, \lambda_2, \lambda_3$ erhält man nach Satz 15.6.4 die folgenden speziellen Lösungen von (15.6.07):

zu $\lambda_1 = 1$: $\quad e^x$
zu $\lambda_2 = -1$: $\quad e^{-x}, xe^{-x}$
zu $\lambda_3 = 3 + 2i$: $\quad e^{3x}\cos 2x, e^{3x}\sin 2x$.

Alle fünf Lösungen zusammen bilden ein Fundamentalsystem von (15.6.07). Die allgemeine Lösung lautet somit

$$y(x) = c_1 e^x + c_2 e^{-x} + c_3 x e^{-x} + c_4 e^{3x}\cos 2x + c_5 e^{3x}\sin 2x.$$

Übungsaufgabe 15.6.6

Bestimmen Sie für die folgenden homogenen linearen DGLn ein Fundamentalsystem sowie die allgemeine Lösung:

i) $\quad y''' + 2y' = 0$
ii) $\quad y'' - 2y' + 4y = 0$

Übungsaufgabe 15.6.7

Wie lautet die allgemeine Lösung der inhomogenen linearen DGL

$$y'' + y' + y = 3e^x \ ?$$

Abschließend sei erwähnt, daß einige Anwendungen zu Systemen von DGLn führen. Insbesondere lassen sich Systeme homogener linearer DGLn erster Ordnung mit konstanten Koeffizienten in der Form

$$y'(x) = Ay(x)$$

bzw.

$$\begin{pmatrix} y'_1(x) \\ \vdots \\ y'_n(x) \end{pmatrix} = \begin{pmatrix} a_{1,1} & ,\ldots, & a_{1,n} \\ \vdots & \vdots & \vdots \\ a_{n,1} & ,\ldots, & 1_{n,n} \end{pmatrix} \cdot \begin{pmatrix} y_1(x) \\ \vdots \\ y_n(x) \end{pmatrix}$$

schreiben, wobei $y(x) = (y_1(x),\ldots, y_n(x))^T$ eine vektorwertige Funktion ist. Der Lösungsansatz $y(x) = e^{\lambda x} u$ mit $u \in R^n$ führt dann zu der Gleichung

$$\lambda e^{\lambda x} u = A e^{\lambda x} u,$$

woraus sich nach Kürzen durch $e^{\lambda x}$ das Eigenwertproblem $\lambda u = Au$ ergibt (vgl. Kap. 7.1).

15.7 Lineare Differentialgleichungen in der Ökonomie

Wachstumsmodell für das Volkseinkommen nach Boulding

Man geht bei diesem Modell von den folgenden Beziehungen zwischen den von der Zeit t abhängigen Größen

Volkseinkommen $y(t)$, Konsum $k(t)$ und Investition $i(t)$ aus:

$$\begin{aligned} y(t) &= k(t) + i(t) \\ k(t) &= \alpha + \beta y(t) \qquad (\alpha \geq 0, 0 < \beta < 1) \\ y'(t) &= \gamma i(t) \qquad (\gamma > 0) \end{aligned} \qquad (15.7.01)$$

mit

α: einkommensunabhängiger Konsumanteil
β: Proportionalitätsfaktor des einkommensabhängigen Konsumanteils
γ: Anteil der Investitionen, um den sich das Volkseinkommen ändert.

Aus der Beziehung (15.7.01) folgt unmittelbar

$$\begin{aligned} y'(t) &= \gamma i(t) = \gamma(y(t) - k(t)) \\ &= \gamma(y(t) - \alpha - \beta y(t)) \\ &= \gamma(1 - \beta) y(t) - \alpha\gamma. \end{aligned}$$

Das Volkseinkommen $y(t)$ muß also die lineare DGL

$$y' + \gamma(\beta - 1)y = -\alpha\gamma \tag{15.7.02}$$

erfüllen.

Aus Satz 15.5.1 ergibt sich die allgemeine Lösung von (15.7.02) zu

$$\begin{aligned} y(t) &= e^{-\gamma(\beta-1)t} \int (-\alpha\gamma) e^{\gamma(\beta-1)t} \, dt \\ &= e^{-\gamma(\beta-1)t} \left(\frac{-\alpha\gamma}{\gamma(\beta-1)} e^{\gamma(\beta-1)t} + c \right) \\ &= \frac{\alpha}{1-\beta} + c\, e^{\gamma(1-\beta)t}. \end{aligned} \tag{15.7.03}$$

Die Konstante c erhält man aus der Anfangsbedingung

$$y(0) = y_0.$$

Dies ergibt

$$y(0) = \frac{\alpha}{1-\beta} + c = y_0,$$

also

$$c = y_0 - \frac{\alpha}{1-\beta}.$$

Damit erhält man für das Volkseinkommen die Darstellung

$$y(t) = \frac{\alpha}{1-\beta} + \left(y_0 - \frac{\alpha}{1-\beta} \right) e^{\gamma(1-\beta)t}.$$

Differentialgleichungsmodell der Versicherungsmathematik

In Abschnitt 12.4 ist bereits das versicherungsmathematische Problem der Modellierung sog. Absterbeordnungen angesprochen worden. Aus der Definition der Sterbensintensität $\mu(x)$ (vgl. (12.4.12)) ergibt sich unmittelbar der Zusammenhang

$$l'(x) = -\mu(x)\, l(x), \tag{15.7.04}$$

wobei die Funktion $l(x)$ die Anzahl der Lebenden vom Alter x darstellt.

Bereits im 19. Jahrhundert sind Ansätze zur Darstellung des altersabhängigen Faktors $\mu(x)$ in (15.7.04) gemacht worden. In einem auf GOMPERTZ und MAKEHAM zurückgehenden Modell wird davon ausgegangen, daß sich die Sterbensintensität $\mu(x)$ in der Form

$$\mu(x) = a + bc^x \qquad (15.7.05)$$

als Funktion des Alters x darstellen läßt. Einsetzen dieses Ausdrucks in (15.7.04) führt zur folgenden DGL erster Ordnung für die Funktion $l(x)$:

$$l' + (a + bc^x)l = 0 \qquad (15.7.06)$$

Nach Satz 15.5.1 hat (15.7.06) die allgemeine Lösung

$$l(x) = c\, e^{-ax - \frac{b}{\ln x} c^x}.$$

Logarithmieren dieser Gleichung ergibt

$$\ln l(x) = -ax - \frac{b}{\ln c} c^x + K \qquad (15.7.08)$$

mit $K = \ln c$.

Definiert man die Parameter s, g und k durch

$$\ln s = -a,\ \ln g = -\frac{b}{\ln c},\ \ln k = K,$$

so ergibt (15.7.08) die vereinfachte Darstellung

$$\ln l = x \ln s + c^x \ln g + \ln k$$
$$= \ln(k s^x g^{c^x})$$

bzw.

$$l(x) = k s^x g^{c^x}. \qquad (15.7.09)$$

Dies ist das sog. Gompertz-Makehamsche Sterblichkeitsgesetz. Die Konstanten k, s, g und c ermittelt man durch Anpassung der Formel (15.7.09) an statistisches Datenmaterial.

15.8 Lineare Differenzengleichungen

Das Änderungsverhalten einer stetigen Funktion $f(x)$ wird mit Hilfe ihrer Ableitungen beschrieben. Der Versuch, eine analoge Begriffsbildung für das Änderungsverhalten einer Folge herzuleiten, führt zur folgenden Definition. In Anlehnung an die bei DGLn übliche Konvention, Funktionen mit y zu bezeichnen (vgl. Abschnitt 15.1), werden in diesem Kapitel Folgen in der Regel mit $(y_n)_{n \in N}$ bezeichnet.

15.8 Lineare Differenzengleichungen

Definition 15.8.1

Für eine Folge $(y_n)_{n \in N}$ ist die (erste) *Differenzenfolge* definiert als die Folge $(\Delta y_n)_{n \in N}$ mit

$$\Delta y_n := y_{n+1} - y_n \qquad (15.8.01)$$

für $n = 1, 2, 3, \ldots$

Beispiel 15.8.2

Die Folge $(y_n)_{n \in N}$ sei definiert durch

$$y_n := n^2. \qquad (15.8.02)$$

Für die Differenzenfolge $(\Delta y_n)_{n \in N}$ gilt dann

$$\Delta y_n = (n+1)^2 - n^2 = 2n + 1.$$

Anschaulich erhält man also zur Folge $(y_n)_{n \in N} = (1, 4, 9, 16, 25, \ldots)$ die Differenzenfolge $(\Delta y_n)_{n \in N} = (3, 5, 7, 9, 11, \ldots)$, indem man je zwei aufeinanderfolgende Glieder der ersten Folge voneinander subtrahiert.

Durch Einführung des Symbols $\Delta n \equiv 1$ läßt sich (15.8.01) in gewisser formaler Analogie zum Differenzenquotienten bei stetigen Funktionen in der Form

$$\Delta y_n = \frac{\Delta y_n}{\Delta n} = \frac{y_{n+\Delta n} - y_n}{\Delta n}$$

darstellen.

Analog zu höheren Ableitungen kann man auch höhere Differenzenfolgen definieren:

Die *k-te Differenzenfolge* $(\Delta^{(k)} y_n)_{n \in N}$ von $(y_n)_{n \in N}$ ist die Differenzenfolge der $(k-1)$-ten Differenzenfolge von $(y_n)_{n \in N}$, d.h.

k-te Differenzenfolge

$$\Delta^{(k)} y_n = \Delta \Delta^{(k-1)} y_n = \Delta^{(k-1)} y_{n+1} - \Delta^{(k-1)} y_n \qquad (15.8.03)$$

für $k = 1, 2, 3, \ldots$ Dabei wird $\Delta^{(0)} y_n := y_n$ gesetzt.

Für $k = 1$ ergibt (15.8.03) insbesondere

$$\Delta^{(1)} y_n = \Delta \Delta^{(0)} y_n = \Delta y_n.$$

Beispiel 15.8.3

Für die zweite Differenzenfolge von (15.8.02) gilt

$$\Delta^{(2)} y_n = \Delta y_{n+1} - \Delta y_n$$
$$= 2(n+1) + 1 - (2n+1) = 2.$$

In den vorangegangenen Abschnitten haben wir gewöhnlich DGLn betrachtet, die jeweils eine Relation zwischen einer Funktion und ihren Ableitungen darstellen. Analog dazu beschreibt eine Differenzengleichung (DiffGL, Plural: DiffGLn) eine Beziehung zwischen einer Folge und ihren Differenzenfolgen. Rein formal kann man jeder gewöhnlichen DGL umkehrbar eindeutig eine DiffGL zuordnen. So erhält man z.B. aus (15.1.02) und (15.1.03) die DiffGLn

$$\Delta^{(3)} y_n = n - y_n + \Delta^{(2)} y_n \tag{15.8.04}$$

und

$$\frac{\Delta y_n}{y_n^2} = \sqrt{(n-5)^3}. \tag{15.8.05}$$

Dabei geht jeweils die k-te Ableitung $y^{(k)}$ in $\Delta^{(k)} y_n$ und x in n über.

Die für DGLn eingeführten Begriffe wie allgemeine Lösung, Ordnung, explizit/implizit, linear, homogen/inhomogen, charakteristisches Polynom und Fundamentalsystem lassen sich leicht auf DiffGLn übertragen. Auf eine streng formale Definition dieser Begriffe für DiffGLn soll daher verzichtet werden.

Bei der Lösung von DiffGLn kann man häufig weitgehend analog wie bei den entsprechenden DGLn verfahren (vgl. Sätze 15.8.9 und 15.8.10). Teilweise machen erstere aber auch völlig eigenständige Lösungsverfahren erforderlich, wie bereits der folgende Satz zeigt. Wir wollen uns im folgenden auf spezielle lineare DiffGLn *lineare DiffGL* beschränken, für die es zahlreiche ökonomische Anwendungen gibt. Eine *lineare* *k-ter Ordnung* *DiffGL k-ter Ordnung* hat die Form

$$a_n^{(k)} \Delta^{(k)} y_n + \ldots + a_n^{(1)} \Delta^{(1)} y_n + a_n^{(0)} y_n = b_n,$$

wobei $(b_n)_{n \in N}$ und $(a_n^{(i)})_{n \in N}$ für $i = 0, 1, \ldots, k$ beliebige Folgen bezeichnen. Ein Beispiel für eine lineare Differenzenfolge dritter Ordnung ist (15.8.04)

15.8 Lineare Differenzengleichungen

Satz 15.8.4

Die allgemeine Lösung der DiffGL erster Ordnung

$$\Delta y_n + a_n y_n = b_n \tag{15.8.06}$$

ist gegeben durch

$$y_n = y_0 \prod_{k=0}^{n-1}(1-a_k) + \sum_{k=0}^{n-2} b_k \prod_{i=k+1}^{n-1}(1-a_i) + b_{n-1}. \tag{15.8.07}$$

Bevor der Satz allgemein bewiesen wird, soll die Aussage für kleinere Indizes n verdeutlicht werden.

Die Relation (15.8.06) läßt sich wegen $\Delta y_n = y_{n+1} - y_n$ auch in der Form

$$y_{n+1} = b_n + (1-a_n)y_n \tag{15.8.08}$$

schreiben. Einsetzen von $n = 0, 1, 2, 3$ ergibt nacheinander

$$y_1 = b_0 + (1-a_0)y_0,$$
$$y_2 = b_1 + (1-a_1)y_1$$
$$= b_1 + (1-a_1)b_0 + (1-a_1)(1-a_0)y_0,$$
$$y_3 = b_2 + (1-a_2)y_2$$
$$= b_2 + b_1(1-a_2) + (1-a_1)(1-a_2)b_0 + (1-a_0)(1-a_1)(1-a_2)y_0.$$

Rechnen Sie bitte nach, daß die Formel (15.8.07) für $n = 1, 2, 3$ dieselben Ergebnisse liefert.

Der exakte Beweis des Satzes erfolgt nun durch vollständige Induktion. Dabei wird angenommen, daß (15.8.07) für einen festen Index n richtig ist. Nach (15.8.08) gilt dann auch

$$y_{n+1} = b_n + (1-a_n)y_n$$
$$= b_n + (1-a_n)\left[y_0 \prod_{k=0}^{n-1}(1-a_k) + \sum_{k=0}^{n-2} b_k \prod_{i=k+1}^{n-1}(1-a_i) + b_{n-1}\right]$$
$$= b_n + y_0 \prod_{k=0}^{n}(1-a_k) + \sum_{k=0}^{n-2} b_k \prod_{i=k+1}^{n}(1-a_i) + (1-a_n)b_{n-1}$$
$$= b_n + y_0 \prod_{k=0}^{n}(1-a_k) + \sum_{k=0}^{n-1} b_k \prod_{i=k+1}^{n}(1-a_i).$$

Die obige Gleichungskette zeigt, daß (15.8.07) auch für $n + 1$ erfüllt ist, wenn man die Richtigkeit für ein festes n voraussetzen kann. Satz 15.8.4 ist nun nach dem Prinzip der vollständigen Induktion bewiesen, da (15.8.07) offenbar auch für $n = 1$ erfüllt ist.

Beispiel 15.8.5

Die DiffGL erster Ordnung

$$\Delta y_n - n y_n = 2n \qquad (15.8.09)$$

hat wegen $a_n = -n$, $b_n = 2n$ die allgemeine Lösung

$$y_n = y_0 \prod_{k=0}^{n-1}(1+k) + \sum_{k=0}^{n-2} 2k \prod_{i=k+1}^{n-1}(1+i) + 2(n-1)$$

$$= y_0 n! + 2 \sum_{k=1}^{n-2} k(k+2) \ldots n + 2(n-1).$$

Für y_6 erhält man etwa

$$y_6 = y_0 \cdot 6! + 2 \sum_{k=1}^{4} k(k+2) \ldots 6 + 10$$

$$= 720\, y_0 + 2\,[3 \cdot 4 \cdot 5 \cdot 6 + 2 \cdot 4 \cdot 5 \cdot 6 + 3 \cdot 5 \cdot 6 + 4 \cdot 6] + 10$$

$$= 720\, y_0 + 1438.$$

Übungsaufgabe 15.8.6

Überprüfen Sie das obige Resultat, indem Sie nacheinander $y_1, \ldots, y_6$ mit Hilfe von (15.8.08) berechnen.

Übungsaufgabe 15.8.7

Bestimmen Sie mittels Satz 15.8.4 die allgemeine Lösung der linearen DiffGL

$$\Delta y_n - 2n y_n = 3n.$$

Berechnen Sie daraus das Folgenglied y_5!

15.8 Lineare Differenzengleichungen

Bemerkung 15.8.8

Für den Spezialfall

$$\Delta y_n + a y_n = b$$

von Satz 15.8.4 mit konstanten Koeffizienten erhält man nach der Summenformel der geometrischen Reihe

$$\begin{aligned}
y_n &= y_0(1-a)^n + \sum_{k=0}^{n-2} b(1-a)^{n-1-k} + b \\
&= y_0(1-a)^n + b[(1-a)^0 + (1-a)^1 + \ldots + (1-a)^{n-1}] \\
&= y_0(1-a)^n - b\frac{(1-a)^n - 1}{a} \\
&= (y_0 - \frac{b}{a})(1-a)^n + \frac{b}{a}.
\end{aligned}$$

✍

Abschließend wollen wir uns mit der linearen DiffGL zweiter Ordnung mit konstanten Koeffizienten

$$\Delta^{(2)} y_n + a \Delta y_n + b y_n = c_n \qquad (15.8.10)$$

beschäftigen, deren Lösung weitgehend analog zum Verfahren bei der entsprechenden DGL erfolgt.

Vor dem Weiterlesen empfehlen wir Ihnen, sich die Inhalte von Abschnitt 15.6 nochmals zu vergegenwärtigen.

Satz 15.8.9

Es sei

$$\Delta^{(2)} y_n + a \Delta y_n + b y_n = 0 \qquad (15.8.11)$$

die zu (15.8.10) gehörige homogene lineare DiffGL, und

$$p(\lambda) = \lambda^2 + a\lambda + b$$

sei das zugehörige charakteristische Polynom.

☞

Dann erhält man wie folgt ein Fundamentalsystem von (15.8.11):

Fall 1:

$p(\lambda)$ habe zwei verschiedene relle Nullstellen λ_1 und λ_2.

Ein Fundamentalsystem ist gegeben durch

$$y_n^{(1)} = (1+\lambda_1)^n, \quad y_n^{(2)} = (1+\lambda_2)^n.$$

Fall 2:

$p(\lambda)$ habe eine zweifache reelle Nullstelle λ.

Dann ist

$$y_n^{(1)} = (1+\lambda)^n, \quad y_n^{(2)} = n(1+\lambda)^n$$

ein Fundamentalsystem.

Fall 3:

$p(\lambda)$ habe die zueinander konjugiert komplexen Nullstellen $\lambda_1 = \mu + i\nu$ und $\lambda_2 = \mu - i\nu$ mit $\nu > 0$.

Ein Fundamentalsystem ist dann gegeben durch

$$y_n^{(1)} = \sqrt{(1+\mu)^2 + \nu^2}^{\,n} \cos\phi n,$$
$$y_n^{(2)} = \sqrt{(1+\mu)^2 + \nu^2}^{\,n} \sin\phi n$$

mit

$$\tan\phi = \frac{\nu}{1+\mu} \quad \text{für } \mu \neq -1$$

$$\phi = \frac{\pi}{2} \quad \text{für } \mu = -1.$$

Satz 15.8.10

Die allgemeine Lösung der DiffGL (15.8.10) ist gegeben durch

$$c_1 y_n^{(1)} + c_2 y_n^{(2)} + \phi_n,$$

wobei die Folgen $(y_n^{(1)})_{n \in N}$ **und** $(y_n^{(2)})_{n \in N}$ **ein Fundamentalsystem von (15.8.11) darstellen und** $(\phi_n)_{n \in N}$ **eine beliebige spezielle Lösung von (15.8.10) bezeichnet.**

15.8 Lineare Differenzengleichungen

Beispiel 15.8.11

Es sei die DiffGL

$$\Delta^{(2)} y_n - 4\Delta y_n + 3y_n = 9n \tag{15.8.12}$$

gegeben. Als charakteristisches Polynom der zugehörigen homogenen Gleichung

$$\Delta^{(2)} y_n - 4\Delta y_n + 3y_n = 0 \tag{15.8.13}$$

erhält man

$$p(\lambda) = \lambda^2 - 4\lambda + 3 = (\lambda - 1)(\lambda - 3).$$

Somit ist

$$y_n^{(1)} = (1+1)^n = 2^n, \qquad y_n^{(2)} = (1+3)^n = 4^n$$

ein Fundamentalsystem von (15.8.13). Die allgemeine Lösung der inhomogenen linearen DiffGL (15.8.12) lautet

$$y_n = c_1 2^n + c_2 4^n + 3n + 4,$$

da $\phi_n := 3n + 4$ eine spezielle Lösung von (15.8.12) ist.

Übungsaufgabe 15.8.12

Überzeugen Sie sich von der Richtigkeit der obigen allgemeinen Lösung durch Einsetzen in die DiffGL.

Beispiel 15.8.13

Wir betrachten die homogene DiffGL

$$\Delta^{(2)} y_n - 2\Delta y_n + 5y_n = 0 \tag{15.8.14}$$

Das charakteristische Polynom lautet

$$p(\lambda) = \lambda^2 - 2\lambda + 5 = (\lambda - 1 + 2i)(\lambda - 1 - 2i).$$

Als Fundamentalsystem ergibt sich also

$$y_n^{(1)} = \sqrt{(1+1)^2 + 2^2}^n \cos\phi\, n = \sqrt{8}^n \cos\phi\, n,$$

$$y_n^{(2)} = \sqrt{(1+1)^2 + 2^2}^n \sin\phi\, n = \sqrt{8}^n \sin\phi\, n$$

mit $\phi = \arctan\dfrac{2}{1+1} = \dfrac{\pi}{4}$.

Somit ist

$$y_n = c_1 \sqrt{8}^n \cos\frac{\pi}{4} n + c_2 \sqrt{8}^n \sin\frac{\pi}{4} n$$

die allgemeine Lösung von (15.8.14).

Übungsaufgabe 15.8.14

Bestimmen Sie für die folgenden homogenen DiffGLn jeweils ein Fundamentalsystem sowie die allgemeine Lösung:

i) $\Delta^{(2)} y_n - 8\Delta y_n + 15 y_n = 0$,

ii) $\Delta^{(2)} y_n - 4\Delta y_n + 4 y_n = 0$,

iii) $\Delta^{(2)} y_n + 2 y_n = 0$.

15.9 Lineare Differenzengleichungen in der Ökonomie

Das Modell von Boulding im zeitdiskreten Fall

Wir betrachten nochmals das Modell von Boulding aus Abschnitt 15.7 mit dem Unterschied, daß die Größen in (15.7.01) nur für bestimmte diskrete Zeitpunkte, die man als Endzeitpunkte gewisser Perioden auffassen kann, definiert sind. Dabei bezeichnen y_n, k_n, i_n, jeweils das Volkseinkommen, den Konsum bzw. die Investitionen am Ende der n-ten Periode. Völlig analog zu (15.7.01) gelten die Beziehungen

$$\begin{aligned} y_n &= k_n + i_n \\ k_n &= \alpha + \beta y_n \quad (\alpha \geq 0,\ 0 < \beta < 1) \\ \Delta y_n &= \gamma i_n \quad (\gamma > 0), \end{aligned} \qquad (15.9.01)$$

woraus

$$\begin{aligned} \Delta y_n = \gamma i_n &= \gamma(y_n - k_n) \\ &= \gamma(y_n - \alpha - \beta y_n) \\ &= \gamma(1-\beta) y_n - \alpha\gamma \end{aligned}$$

15.9 Lineare Differenzengleichungen in der Ökonomie

folgt. Das Volkseinkommen y_n genügt also der DiffGL erster Ordung

$$\Delta y_n + \gamma(\beta - 1)y_n = -\alpha\gamma.$$

Als Lösung erhält man nach Satz 15.8.8 für $a = \gamma(\beta - 1)$ und $b = -\alpha\gamma$

$$y_n = \left(y_0 - \frac{\alpha}{1-\beta}\right)(1 + \gamma(1-\beta))^n + \frac{\alpha}{1-\beta}. \tag{15.9.02}$$

Wegen (15.9.01) gilt insbesondere $y_0 > k_0 = \alpha + \beta y_0$, woraus $y > \frac{\alpha}{1-\beta}$ folgt.

Daher beschreibt (15.9.02) eine monoton wachsende Folge.

Multiplikator-Akzelerator-Modell

Dieses Modell beschreibt ebenfalls das Wachstum des Volkseinkommens, wobei gegenüber dem Bouldingschen Modell zusätzlich noch Ausgaben der „öffentlichen Hand" berücksichtigt werden. Insgesamt enthält das Multiplikator-Akzelerator-Modell also die vier Größen

y_n: Volkseinkommen
k_n: Konsum
i_n: private Investitionen
H: Ausgaben der „öffentlichen Hand",

zwischen denen die Relationen

$$\begin{aligned} y_n &= k_n + i_n + H, \\ k_n &= \alpha_1 y_{n-1}, \quad (0 < \alpha_1 < 1) \\ i_n &= \alpha_2(k_n - k_{n-1}) \quad (0 < \alpha_2) \end{aligned} \tag{15.9.03}$$

bestehen. Das Volkseinkommen wird also dargestellt als Summe aus Konsum, privaten Investitionen und Ausgaben der „öffentlichen Hand". Der Konsum ist ferner proportional zum Volkseinkommen der vorangegangenen Periode, und die privaten Investitionen sind proportional zum Zuwachs des Konsums $k_n - k_{n-1}$. Die Proportionalitätsfaktoren α_1 und α_2 heißen *Multiplikator* und *Akzelerator*.

Multiplikator
Akzelerator

Anwendung der Relation (15.9.03) ergibt unmittelbar.

$$\begin{aligned} y_n &= k_n + i_n + H \\ &= \alpha_1 y_{n-1} + \alpha_2(k_n - k_{n-1}) + H \\ &= \alpha_1 y_{n-1} + \alpha_2(\alpha_1 y_{n-1} - \alpha_1 y_{n-2}) + H \\ &= \alpha_1(1 + \alpha_2)y_{n-1} - \alpha_1\alpha_2 y_{n-2} + H. \end{aligned}$$

Mit der Substitution $m := n-2$ läßt sich dies in der Form

$$y_{m+2} = \alpha_1 (1 + \alpha_2) y_{m+1} - \alpha_1 \alpha_2 y_m + H \qquad (15.9.04)$$

schreiben.

Schließlich kann man (15.9.04) als lineare DiffGL zweiter Ordnung mit konstanten Koeffizienten für das Volkseinkommen y_m schreiben:

$$\Delta^{(2)} y_m + (2 - \alpha_1 - \alpha_1 \alpha_2) \Delta y_m + (1 - \alpha_1) y_m = H. \qquad (15.9.05)$$

Prüfen sie bitte nach, daß (15.9.05) zu (15.9.04) äquivalent ist, indem Sie in die letzte Gleichung Δy_m und $\Delta^{(2)} y_m$ durch die rechten Seiten von

$$\Delta y_m = y_{m+1} - y_m$$

und

$$\Delta^{(2)} y_m = \Delta \Delta y_m = y_{m+2} - y_{m+1} - (y_{m+1} - y_m)$$

$$= y_{m+2} - 2 y_{m+1} + y_m$$

ersetzen!

Mit $a := 2 - \alpha_1 - \alpha_1 \alpha_2$ und $b := 1 - \alpha_1$ geht (15.9.05) in die Gleichung

$$\Delta^{(2)} y_m + a \Delta y_m + b y_m = H \qquad (15.9.06)$$

über, deren allgemeine Lösung sich mit Hilfe der Sätze 15.8.9 und 15.8.10 bestimmen läßt.

Wir wollen uns auf den Fall beschränken, daß das charkteristische Polynom der zu (15.9.06) gehörigen homogenen Gleichung zwei verschiedene reelle Nullstellen λ_1 und λ_2 besitzt. Dann ist also

$$y_m^{(1)} = (1 + \lambda_1)^m, \quad y_m^{(2)} = (1 + \lambda_2)^m$$

ein Fundamentalsystem dieser homogenen Gleichung. Da offenbar die konstante Folge $\phi_m := \dfrac{H}{b}$ eine spezielle Lösung von (15.9.06) darstellt, ist die allgemeine Lösung für das Volkseinkommen y_m durch

$$y_m = c_1 (1 + \lambda_1)^m + c_2 (1 + \lambda_2)^m + \frac{H}{b}$$

gegeben.

Kapitel 16
Einige ökonomische Funktionen

In diesem Kapitel soll aus der Vielfalt ökonomischer Funktionen eine Auswahl der wichtigsten vorgestellt werden. Der Sachbezug wird nur rudimentär aufgezeigt. Stattdessen sollen mathematische Eigenschaften der Funktionen nachgewiesen werden, die für Ihr späteres Studium von Bedeutung sind. Betrachten Sie das Kapitel also als „Nachschlagewerk". Stellenweise wird ein Instrumentarium benutzt, das auf mit * versehene Abschnitte zurückgreift bzw. Wahrscheinlichkeits-/Statistikkenntnisse voraussetzt. Sollten Sie im Hauptstudium, in Seminaren oder bei der Behandlung von praktischen Projekten etwas anspruchsvollere Mathematik benötigen, so liefert das vorliegende Kapitel zusammen mit den „gesternten" Abschnitten und weiterer Literatur eine Verständnishilfe.

16.1 Nachfragefunktion

Die Nachfragefunktion $N(p)$ gibt die Menge eines Gutes an, die bei einem gegebenen Preis p gekauft wird, wenn alle anderen, die Nachfrage beeinflussenden Faktoren (Einkommen, Preise anderer Güter etc.) unverändert bleiben und atomistische Nachfragestruktur vorausgesetzt wird.

Die *lineare Nachfragefunktion* hat die Gestalt   *lineare Nachfragefunktion*

$$N(p) = a + bp,$$

wobei $b < 0$ und $a > 0$ angenommen werden kann, da die Nachfrage mit wachsendem Preis abnimmt und die nachgefragte Menge stets positiv ist (vgl. Abb. 16.1.1). Der maximale Absatz ist $N(0) = a$, der maximale Preis $p_{\max}$, für den das Gut noch abgesetzt werden kann, ergibt sich aus

$$N(p_{\max}) = a + bp_{\max} = 0$$

zu $p_{\max} = -\dfrac{a}{b}$.

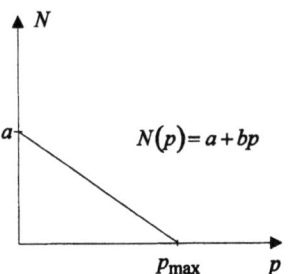

Abb.16.1.1: Lineare Nachfragefunktion

16.2 Engel-Funktionen

Engel-Funktion
normales Gut,
inferior

Faßt man die Nachfrage als Funktion des persönlichen Einkommens x des Verbrauchers auf, so ergibt sich eine sog. *Engel-Funktion* $f(x)$. Wenn f monoton wachsend ist, heißt das Gut *normal*. Ist f monoton fallend, dann heißt das Gut *inferior*.
Für eine Engel-Funktion wird häufig die Gestalt

$$f(x) = ax^b$$

mit $a > 0$ angenommen. Wegen $f'(x) = abx^{b-1}$ ist f im Fall $b < 0$ monoton fallend für $x \geq 0$ (Abb. 16.2.1a) und im Fall $b > 0$ monoton wachsend.

Es sollen zwei weitere Beispiele für Engel-Funktionen diskutiert werden:

$$f_1(x) = \alpha \frac{x}{x+\beta}; \qquad \alpha, \beta, > 0,$$

$$f_2(x) = \alpha x \frac{x-\gamma}{x+\beta}; \qquad \alpha, \beta, \gamma > 0.$$

Die Funktion f_1 ist monoton wachsend mit $f_1(0) = 0$, da

$$f_1'(x) = \alpha \frac{(x+\beta)-x}{(x+\beta)^2} = \frac{\alpha\beta}{(x+\beta)^2} > 0$$

für $x \geq 0$ gilt (Abb. 16.2.1b). Für größer werdende Einkommen x strebt f_1 gegen den Sättigungswert α, da

$$\lim_{x \to \infty} f_1(x) = \lim_{x \to \infty} \alpha \frac{1}{1+\frac{\beta}{x}} = \alpha.$$

Da $f_2(x) < 0$ für $x < \gamma$ gilt, ist diese Funktion nur für $x \geq \gamma$ ökonomisch sinnvoll. In diesem Bereich ist f_2 monoton wachsend mit $f_2(\gamma) = 0$ (Abb. 16.2.1c), da

16.3 Angebotsfunktion

$$f_2'(x) = \frac{(\alpha x(x-\gamma))'(x+\beta) - \alpha x(x-\gamma)}{(x+\beta)^2}$$

$$= \frac{\alpha}{(x+\beta)^2}(x^2 + 2\beta x - \beta\gamma)$$

$$= \frac{\alpha}{(x+\beta)^2}(x^2 + \beta(2x-\gamma))$$

für $x \geq \gamma$ nur positive Werte annimmt.

Im Gegensatz zu f_1 wächst f_2 unbeschränkt, da

$$f_2(x) = \alpha x \frac{x-\gamma}{x+\beta} = \alpha x \frac{1-\frac{\gamma}{x}}{1+\frac{\beta}{x}}$$

sich asymptotisch wie αx verhält.

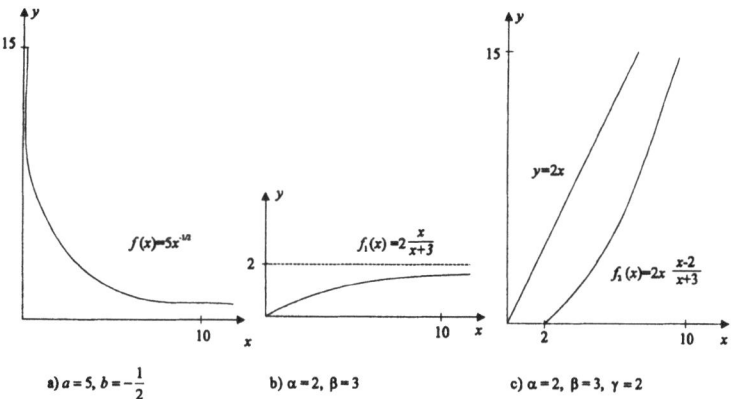

a) $a = 5, b = -\frac{1}{2}$ b) $\alpha = 2, \beta = 3$ c) $\alpha = 2, \beta = 3, \gamma = 2$

Abb. 16.2.1: Engel-Funktionen

16.3 Angebotsfunktion

Wenn atomistische Angebotsstruktur vorausgesetzt wird, so gibt die Angebotsfunktion A an, welche Menge $A(p)$ eines Gutes die Unternehmer anzubieten bereit sind, wenn sie dafür den Preis p erhalten.

Man kann davon ausgehen, daß eine solche Funktion monoton wachsend ist. Häufig wird für $A(p)$ die Form

$$A(p) = b + cp \qquad (16.3.01)$$

oder

$$A(p) = \beta p^\gamma; \beta > 0, \gamma > 1 \tag{16.3.02}$$

angenommen. Der Fall (16.3.02) läßt sich durch Logarithmieren auf den linearen Fall (16.3.01) zurückführen. Denn wenn A die Form in (16.3.02) hat, folgt

$$ln\, A = ln\, \beta + \gamma\, ln\, p,$$

d.h. $ln\, A$ ist eine lineare Funktion von $ln\, p$.

16.4 Produktionsfunktion

Eine Produktionsfunktion beschreibt den technischen Zusammenhang zwischen Faktoreinsatz und Produktionsergebnis. Betrachtet man die Ergebnisveränderungen bei der Variation *eines* Faktors, wobei alle anderen Faktoren unverändert bleiben – der Fachmann sagt: ceteris paribus – kann man sich auf die Verwendung von Funktionen mit einer Variablen beschränken. Beispiele hierfür sind die Funktion

$$f_1(x) = -c + \sqrt{c^2 + 2cx}, \quad c > 0,$$

die bei der Elektrizitätsübertragung den Zusammenhang zwischen Energie-Input und Energie-Output angibt (Abb. 16.4.1a), und die *Cobb-Douglas-Produktionsfunktion* (Abb. 16.4.1b)

Cobb-Douglas-Produktiosfunktion

$$f_2(x) = cx^a.$$

Sato-Funktion Eine wichtige Produktionsfunktion mit zwei Input-Variablen x und y ist die *Sato-Funktion* (Abb. 16.4.1c)

$$f(x, y) = \frac{x^2 y^2}{x^3 + y^3}.$$

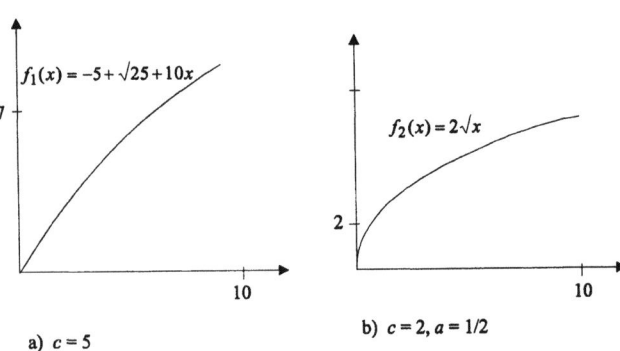

a) $c = 5$ b) $c = 2, a = 1/2$

16.4 Produktionsfunktion

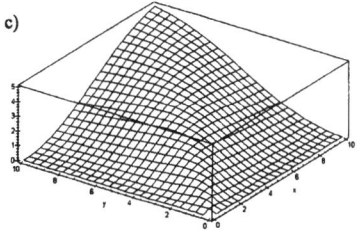

$$f(x,y) = \frac{x^2 y^2}{x^3 + y^3}$$

Abb. 16.4.1: Produktionsfunktionen

Offenbar ist die Funktion f_1 monoton wachsend für $x \geq 0$ mit $f_1(0) = 0$. Für grössere x verhält sich f_1 ähnlich wie

$$\sqrt{2cx} = \sqrt{2c}\sqrt{x}.$$

Die Cobb-Douglas-Produktionsfunktion f_2 ist für $a, c > 0$ monoton wachsend. Im Fall $a < 1$ gilt

$$f_2''(x) = ca(a-1)x^{a-2} < 0$$

für $x > 0$. In diesem Fall ist der Graph von f_2 also monoton „rechtsgekrümmt", d.h. die Steigung wird mit wachsendem x immer geringer. Ökonomisch bedeutet dies, daß f_2 stets fallende Grenzerträge hat.

Man gewinnt nähere Aufschlüsse über die Sato-Funktion $f(x, y)$, wenn man die Funktionswerte für spezielle Input-Kombinationen studiert. Ist z.B. y konstant mit $y = y_0$, so strebt der Output gegen 0 für $x \to \infty$, da für $f_{y_0}(x) = f(x, y_0)$

$$\lim_{x \to \infty} f_{y_0}(x) = \lim_{x \to \infty} \frac{x^2 y_0^2}{x^3 + y_0^3}$$

$$= \lim_{x \to \infty} \frac{\frac{y_0^2}{x}}{1 + \frac{y_0^3}{x^3}} = 0$$

gilt.

Wenn die Produktionsfaktoren x und y in einem festen Verhältnis zueinander stehen, wenn etwa $y = \alpha x$ gilt, ergibt sich für den von x abhängigen Output

$$g(x) = f(x, \alpha x) = \frac{x^2 \alpha^2 x^2}{x^3 + \alpha^3 x^3}$$

$$= \frac{\alpha^2 x^4}{(1+\alpha^3)x^3}$$

$$= \frac{\alpha^2}{1+\alpha^3} x,$$

d.h. der Output $g(x)$ wächst mit steigendem Input linear an.

Der Zusammenhang zwischen den Funktionen $f(x,y)$, $f_{y_0}(x)$ und $g(x)$ läßt sich geometrisch wie folgt veranschaulichen. Der Graph F von $f(x,y)$ ist eine im dreidimensionalen Raum gekrümmte Fläche. Die Graphen von $f_{y_0}(x)$ und von $g(x)$ sind dann der Durchschnitt von F mit der Ebene $y = y_0$ bzw. der Durchschnitt von F mit der Ebene, die von der z-Achse und der Geraden $y = \alpha x$ aufgespannt wird.

16.5 Kostenfunktion

Eine Kostenfunktion K gibt die Kosten $K(x)$ an, die anfallen, wenn eine bestimmte Ausbringungsmenge x erzeugt wird. Man kann stets annehmen, daß eine solche Funktion monoton wachsend ist. Unter Umständen kann eine Kostenfunktion einen kubischen Verlauf haben, d.h.

$$K(x) = k_3 x^3 + k_2 x^2 + k_1 x + k_0 \tag{16.5.01}$$

mit $k_3 \neq 0$. Damit K in (16.5.01) auf ganz R monoton wachsend ist, muß

$$K'(x) = 3k_3 x^2 + 2k_2 x + k_1 \tag{16.5.02}$$

überall ≥ 0 sein. Dies ist genau dann der Fall, wenn die folgenden beiden Bedingungen erfüllt sind.

i) Einerseits muß $k_3 \geq 0$ sein, damit die Parabel in (16.5.02) nach oben geöffnet ist.

ii) Andererseits muß für den Minimalpunkt $(x_0, K'(x_0))$ dieser Parabel

$$K'(x_0) > 0$$

gelten. Dabei ist x_0 bestimmt durch die Gleichung

$$K''(x_0) = 6k_3 x_0 + 2k_2 = 0 \implies x_0 = -\frac{k_2}{3k_3}.$$

Es gilt dann

16.5 Kostenfunktion

$$K'(x_0) = 3k_3\left(\frac{k_2}{3k_3}\right)^2 - 2k_2\frac{k_2}{3k_3} + k_1$$

$$= \frac{k_2^2}{3k_3} - \frac{2k_2^2}{3k_3} + k_1$$

$$= k_1 - \frac{k_2^2}{3k_3}.$$

Zusammenfassend folgt, daß K in (16.5.01) monoton wachsend ist, wenn

$$k_3 > 0,$$

$$k_1 - \frac{k_2^2}{3k_3} > 0 \qquad \text{(16.5.03)}$$

gilt. Ein Beispiel für eine Lösung von (16.5.03) ist $(k_1, k_2, k_3) = (5, 2, 1)$, d.h.

$$K(x) = x^3 + 2x^2 + 5x + 4$$

ist eine auf ganz $\boldsymbol{R}$ monoton wachsende kubische Funktion (Abb. 16.5.1). Wenn man lediglich verlangt, daß K für positive x monoton wachsend ist, müssen die beiden Fälle $x_0 \geq 0$ und $x_0 < 0$ unterschieden werden. Diese Fallunterscheidungen würden jedoch den Rahmen dieses Abschnitts sprengen.

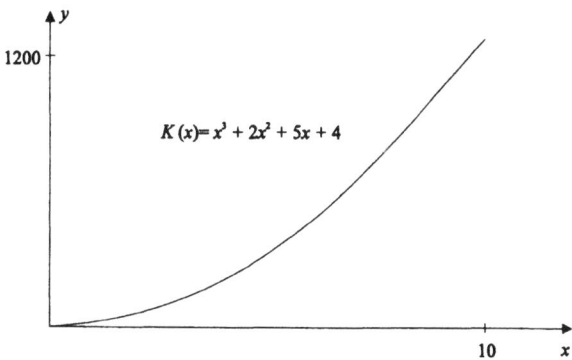

Abb. 16.5.1 Monoton wachsende kubische Kostenfunktion

16.6 Logistische Funktion

Eine logistische Funktion hat die Gestalt

$$f(x) = \frac{a}{1 + be^{-cx}} \qquad \text{(16.6.01)}$$

mit $a,b,c > 0$. Dabei stellt $f(x)$ eine von der Zeit x abhängige Größe dar, die für $x \to \infty$ gegen einen Sättigungswert a strebt. Beispiele für solche Größen sind Bestände von Gütern bzw. Nachfragen nach Gütern in Abhängigkeit von der Zeit. Da

$$f'(x) = abc \frac{e^{-cx}}{(1+be^{-cx})^2} > 0$$

für alle x gilt, ist f monoton wachsend. Der Zeitpunkt x_0 mit dem stärksten Wachstum, d.h. mit der größten Bestandsänderung, entspricht einem Kurvenwendepunkt von f. Eine eventuelle Wendestelle x_0 von f muß eine Nullstelle von f'' sein.

Aus

$$0 = f''(x_0) = abc \frac{-ce^{-cx_0}(1+be^{-cx_0})^2 + e^{-cx_0} 2(1+be^{-cx_0})bce^{-cx_0}}{(1+be^{-cx_0})^4}$$

$$= abc^2 \frac{e^{-cx_0}}{(1+be^{-cx_0})^3}(be^{-cx_0} - 1)$$

folgt

$$be^{-cx_0} - 1 = 0$$

und somit $x_0 = \frac{\ln b}{c}$. Das stärkste Wachstum wird also zum Zeitpunkt $x_0 = \frac{\ln b}{c}$ erzielt. (Auf den Nachweis von $f'''(x_0) \neq 0$ soll an dieser Stelle verzichtet werden).

Die logistische Funktion mit $a = 10$, $b = 5$, $c = 1$ ist in Abb. 16.6.1 dargestellt. Der Zeitpunkt maximalen Wachstums ist

$$x_0 = \frac{\ln 5}{1} \approx 1{,}609.$$

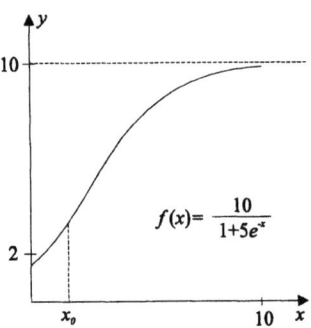

Abb. 16.6.1 Logistische Funktion

16.7 Lagerkostenfunktion

Die Lagerkostenfunktion K gibt die gesamten Kosten $K(x)$ (Bestellkosten + Lagerkosten + Fixkosten) als Funktion der Bestellmenge (Losgröße) x an. Man erhält (vgl. Abb. 16.7.1)

$$K(x) = \frac{K_2 T}{2} x + \frac{K_1 q T}{x} + K_0 \qquad (16.7.01)$$

mit den Bezeichnungen

K_0	Fixkosten
q	Nachfrage pro Zeiteinheit (ZE) (auch konstante Nachfragerate genannt)
$[0,T]$	Planungsperiode
K_1	Kosten für die Vorbereitung einer Bestellung
$\dfrac{K_1 q T}{x}$	Bestellkosten in $[0,T]$
K_2	Lagerkosten pro ME und ZE
$\dfrac{K_2 T}{2} x$	Lagerkosten in $[0,T]$.

Es ist diejenige Bestellmenge x_0 gesucht, für die die Gesamtkosten $K(x_0)$ in (16.7.01) minimal werden. Aus

$$K'(x_0) = \frac{K_2 T}{2} - \frac{K_1 q T}{x_0^2} = 0$$

folgt

$$\frac{K_2 T}{2} = \frac{K_1 q T}{x_0^2},$$

woraus sich die sog. *Losgrößenformel von Harris und Wilson*

$$x_0 = \sqrt{\frac{2 K_1 q}{K_2}}$$

ergibt.

Losgrößenformel von Harris und Wilson

Wegen

$$K''(x) = \frac{2 K_1 q T}{x^3} > 0 \qquad (16.7.02)$$

für $x > 0$ ist x_0 ist tatsächlich eine Minimalstelle von K. Überdies folgt aus (16.7.02), daß der Graph von K monoton „linksgekrümmt" ist, d.h. die Kostenänderung $K'(x)$ nimmt mit wachsender Bestellmenge x stets zu.

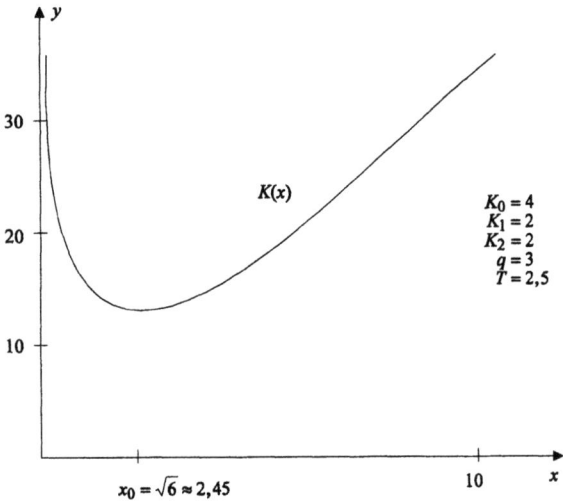

Abb. 16.7.1: Lagerkostenfunktion

16.8 Treppenfunktion

Eine Treppenfunktion ist eine stückweise konstante Funktion der Form

$$f(x) = \begin{cases} y_0 & \text{für } x \leq x_0 \\ y_1 & \text{für } x_0 < x \leq x_1 \\ \dots \\ \dots \\ y_n & \text{für } x_{n-1} < x \leq x_n \\ y_{n+1} & \text{für } x > x_n, \end{cases}$$

wobei anstelle der links offenen Intervalle auch rechts offene Intervalle treten können.

Ein Beispiel für eine Treppenfunktion stellen die monatlichen Telefongebühren in Abhängigkeit von der Zeit dar, während der das Telefon benutzt wurde (vgl. Beispiel 10.2.19). In einem vereinfachten Modell mit einheitlichen Kosten pro Zeiteinheit sind 27 DM Grundgebühren zu zahlen zuzüglich 23 PF für jede angefangene Zeiteinheit. Man erhält für die Telefonkosten die Treppenfunktion in Abb. 16.8.1.

16.9 Weibull-Verteilung

$$f(x) = \begin{cases} 27 & \text{für } x = 0 \\ 27 + n \cdot 0{,}23 & \text{für } n-1 < x \leq n, \ n \in N \end{cases}$$

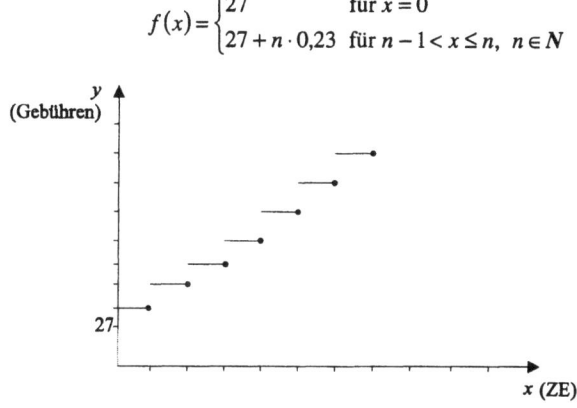

Abb. 16.8.1: Telefonkosten in Abhängigkeit von der Anzahl der Zeiteinheiten

16.9 Weibull-Verteilung

Die Weibull-Verteilung ist besonders zur Beschreibung der Lebensdauer bzw. der Ausfallrate von Bauteilen geeignet, die im allgemeinen Rahmen von Fragen der Technischen Zuverlässigkeit untersucht werden.

Die *Wahrscheinlichkeitsdichtefunktion f* hat die Gestalt   *Wahrscheinlichkeitsdichtefunktion f*

$$f(x) = \begin{cases} 0 & \text{für } x < 0 \\ \lambda b x^{b-1} e^{-\lambda x^b} & \text{für } x \geq 0 \end{cases}$$

mit $\lambda, b > 0$. Die zugehörige *Verteilungsfunktion*, d.h. diejenige Stammfunktion F *Verteilungsfunktion*
von f mit $F(0) = 0$, läßt sich in der Form

$$F(x) = \begin{cases} 0 & \text{für } x < 0 \\ 1 - e^{-\lambda x^b} & \text{für } x \geq 0 \end{cases}$$

darstellen.

Zum Studium des qualitativen Verlaufs von f ist wieder die Ableitung zu bestimmen. Man erhält

$$f'(x) = \lambda b \left[(b-1)x^{b-2} e^{-\lambda x^b} - x^{2(b-1)} \lambda b e^{-\lambda x^b} \right]$$

$$= \lambda b x^{b-2} e^{-\lambda x^b} \left[b - 1 - x^b \lambda b \right].$$

Somit gilt

$$f'(x) = 0 \Leftrightarrow b - 1 - x^b \lambda b = 0 \Leftrightarrow x^b = \frac{b-1}{\lambda b}. \tag{16.9.01}$$

Wegen (16.9.01) besitzt f' für $b < 1$ keine Nullstelle im Bereich $x > 0$, d.h. f ist monoton fallend für $x > 0$. Für $b > 1$ hat f ein Maximum an der Stelle

$$x_0 := \left(\frac{b-1}{\lambda b}\right)^{\frac{1}{b}} \quad (f''(x_0) < 0).$$

Beispiele für die Dichtefunktion und die Verteilungsfunktion mit einem Parameter $b > 1$ bzw. $b < 1$ sind in Abb. 16.9.1 dargestellt.

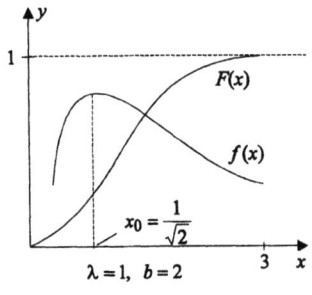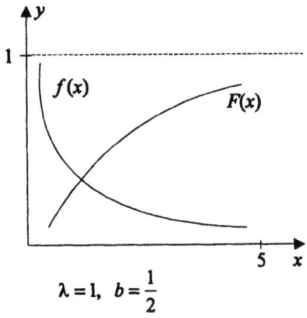

Abb. 16.9.1: Weibull-Verteilung

Ausfallrate   Aus der Instandhaltungstheorie ist bekannt, daß der Ausdruck $\dfrac{f(x)}{1-F(x)}$ die *Ausfallrate* einer Menge von technisch identischen Teilen beschreibt. Für die Weibull-Verteilung erhält man

$$\frac{f(x)}{1-F(x)} = \frac{\lambda b x^{b-1} e^{-\lambda x^b}}{e^{-\lambda x^b}} = \lambda b x^{b-1}.$$

Exponentialverteilung   Im Fall $b = 1$ ergibt sich aus der Weibull-Verteilung die sog. *Exponentialverteilung*. Ihre Dichtefunktion lautet

$$f(x) = \lambda e^{-\lambda x}, \lambda > 0,$$

und die Verteilungsfunktion ist

$$F(x) = 1 - e^{-\lambda x}.$$

Wegen

$$f'(x) = -\lambda^2 e^{-\lambda x} < 0$$

für $x \in R$ ist die Dichte f eine monoton fallende Funktion.

Die Ausfallrate der Exponentialfunktion ist konstant wegen

$$\frac{f(x)}{1-F(x)} = \frac{\lambda e^{-\lambda x}}{e^{-\lambda x}} = \lambda.$$

16.10 Normalverteilung

Eine der für stetige Zufallsvariable wichtigsten Wahrscheinlichkeitsverteilungen ist die Normalverteilung. Sie spielt aufgrund des zentralen Grenzwertsatzes eine wichtige Rolle bei der Modellierung zufallsabhängiger Vorgänge. Im eindimensionalen Fall ist die Dichtefunktion gegeben durch

$$f(x) = \frac{1}{\sqrt{2\pi}\sigma} e^{-\frac{(x-\mu)^2}{2\sigma^2}}$$

für $x \in R$. Der Graph von f wird als *Gaußsche Glockenkurve* (Abb. 16.10.1) bezeichnet.

Gaußsche Glockenkurve

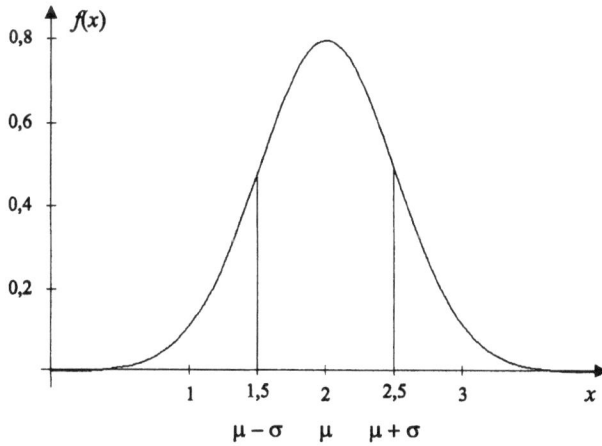

Abb. 16.10.1: Gaußsche Glockenkurve für $\mu = 2$ und $\sigma = 0{,}5$

Für die Ableitung von f gilt nach der Kettenregel

$$f'(x) = \frac{1}{\sqrt{2\pi}\sigma} e^{-\frac{(x-\mu)^2}{2\sigma^2}} \frac{2(x-\mu)}{-2\sigma^2}$$

$$= \frac{\mu - x}{\sigma^2} f(x).$$

Wiederholte Anwendung dieser Beziehung liefert

$$f''(x) = -\frac{1}{\sigma^2}f(x) + \frac{\mu-x}{\sigma^2}f'(x)$$

$$= -\frac{1}{\sigma^2}f(x) + \frac{(\mu-x)^2}{\sigma^4}f(x)$$

$$= \frac{f(x)}{\sigma^2}\left(\frac{(\mu-x)^2}{\sigma^2} - 1\right).$$ (16.10.01)

Das Maximum von f wird offenbar für $x = \mu$ angenommen. Die Wendepunkte der Glockenkurve ergeben sich als Nullstellen von $f''(x)$. Aus (16.10.01) folgt

$$f''(x) = 0 \Leftrightarrow \frac{(\mu-x)^2}{\sigma^2} = 1 \Leftrightarrow x-\mu = \pm\sigma \Leftrightarrow x = \mu \pm \sigma.$$

Somit sind $\mu - \sigma$ und $\mu + \sigma$ die Wendestellen der Glockenkurve (vgl. Abb. 16.10.1). (Es gilt auch $f'''(\mu+\sigma) \neq 0$ bzw. $f'''(\mu-\sigma) \neq 0$). Bei der wahrscheinlichkeitstheoretischen Interpretation entsprechen μ und σ^2 dem Erwartungswert bzw. der Varianz der Normalverteilung. Die zu f gehörige Verteilungsfunktion ist

$$F(x) = \int_{-\infty}^{x} f(t)dt = \int_{-\infty}^{x} \frac{1}{\sqrt{2\pi}\sigma} e^{-\frac{(t-\mu)^2}{2\sigma^2}} dt.$$ (16.10.02)

Sie gibt die Wahrscheinlichkeit an, daß eine normal-verteilte Zufallsvariable X einen Wert $\leq x$ annimmt, und ist nicht analytisch darstellbar.

standardisierte Normalverteilung Im Fall $\mu = 0$ und $\sigma^2 = 1$ wird F zur Verteilungsfunktion der *standardisierten Normalverteilung*, die mit Φ bezeichnet wird. Es gilt also

$$\Phi(x) = \int_{-\infty}^{x} \frac{1}{\sqrt{2\pi}} e^{-\frac{t^2}{2}} dt$$ (16.10.03)

Das Integral in (16.10.02) läßt sich mit Hilfe der Variablentransformation $u = \frac{t-\mu}{\sigma}$ auf das Integral in (16.10.03) zurückführen. Denn Anwendung der Substitutionsregel (12.2.15) mit

$$f(u) = \frac{1}{\sqrt{2\pi}} e^{-\frac{1}{2}u^2},$$

$$u = g(t) = \frac{t-\mu}{\sigma}, \quad g'(t) = \frac{1}{\sigma}$$

$$a = -\infty, \quad b = x$$

16.10 Normalverteilung

ergibt

$$F(x) = \int_{-\infty}^{x} \frac{1}{\sqrt{2\pi}\sigma} e^{-\frac{1}{2}\left(\frac{t-\mu}{\sigma}\right)^2} dt$$

$$= \int_{a}^{b} f(g(t))g'(t)dt = \int_{g(a)}^{g(b)} f(u)du$$

$$= \int_{-\infty}^{\frac{x-\mu}{\sigma}} \frac{1}{\sqrt{2\pi}} e^{-\frac{1}{2}u^2} du = \Phi\left(\frac{x-\mu}{\sigma}\right).$$

Die Modellierung zufallsabhängiger Phänomene, die sich durch mehrere normalverteilte Zufallsvariable beschreiben lassen, führt zum Begriff der n-dimensionalen Normalverteilung.

Definition 16.10.2

Es sei $\mu \in R^n$ ein Vektor und $\Sigma = (\sigma_{ij})$ mit $i, j = 1,\ldots,n$ eine symmetrische, positiv definite $n \times n$-Matrix. Die *n-dimensionale Normalverteilung* mit den Parametern μ und Σ ist gegeben durch die Dichtefunktion

n-dimensionale Normalverteilung

$$f(\mathbf{x}) = \frac{1}{(2\pi)^{\frac{n}{2}}} |\Sigma|^{-\frac{1}{2}} e^{-\frac{1}{2}(\mathbf{x}-\mu)^T \Sigma^{-1}(\mathbf{x}-\mu)}. \tag{16.10.04}$$

Dabei ist

$\mathbf{x} = (x_1,\ldots,x_n)^T \in R^n$,

Σ die sog. Varianz-Kovarianz-Matrix,

$|\Sigma|$ die Determinante von Σ,

$\mu = (\mu_1,\ldots,\mu_n)^T$ der Vektor der Mittelwerte der Randverteilungen.

Die zugehörige mehrdimensionale Verteilungsfunktion ist jetzt

$$F(\mathbf{x}) = \int_{-\infty}^{\mathbf{x}} \frac{1}{(2\pi)^{\frac{n}{2}}} |\Sigma|^{-\frac{1}{2}} e^{-\frac{1}{2}(t-\mu)^T \Sigma^{-1}(t-\mu)} dt \tag{16.10.05}$$

bzw. – in anderer Schreibweise –

$$F(x_1,\ldots,x_n) = \int_{-\infty}^{x_1}\ldots\int_{-\infty}^{x_n} \frac{1}{(2\pi)^{\frac{n}{2}}}|\Sigma|^{-\frac{1}{2}} e^{-\frac{1}{2}(\mathbf{t}-\mu)^T \Sigma^{-1}(\mathbf{t}-\mu)} dt_1\ldots dt_n$$

mit $\quad \mathbf{t}^T = (t_1,\ldots,t_n).$

In Verallgemeinerung des Integrals in (16.10.05) kann man die Dichtefunktion f in (16.10.04) über einen Bereich $B \subset \mathbf{R}^n$ integrieren. Dabei ist also ein Integral der Form

$$\int_B \frac{1}{(2\pi)^{\frac{n}{2}}}|\Sigma|^{-\frac{1}{2}} e^{-\frac{1}{2}(\mathbf{t}-\mu)^T \Sigma^{-1}(\mathbf{t}-\mu)} d\mathbf{t}$$

zu berechnen. Dies läßt sich als die Wahrscheinlichkeit des Ereignisses interpretieren, daß der normal-verteilte Zufallsvektor $\mathbf{X}$ einen Wert aus dem Bereich B annimmt.

Bei vielen statistischen Anwendungen hat B die Gestalt eines Ellipsoids.

standardisierte n-dimensionale Normalverteilung

Für $\mu = \mathbf{0}$ und $\Sigma = \mathbf{I}$ erhält man aus (16.10.04) und (16.10.05) die Dichte bzw. die Verteilungsfunktion der *standardisierten n-dimensionalen Normalverteilung*. Bevor die Normalverteilung an einem Beispiel illustriert wird, zeigen wir, daß man die allgemeine Form durch geeignete Variablentransformation auf die standardisierte Form zurückführen kann. Dabei wird von einem Integral der Form

$$\int_{B=\left\{\mathbf{x}\,|\,(\mathbf{x}-\mu)^T \Sigma^{-1}(\mathbf{x}-\mu) \leq r^2\right\}} \frac{1}{(2\pi)^{\frac{n}{2}}}|\Sigma|^{-\frac{1}{2}} e^{-\frac{1}{2}(\mathbf{t}-\mu)^T \Sigma^{-1}(\mathbf{t}-\mu)} d\mathbf{t} \quad (16.10.06)$$

ausgegangen. Der Integrationsbereich B ist also ein Ellipsoid.

Da mit Σ auch $\Gamma = \Sigma^{-1}$ symmetrisch und positiv-definit ist, hat Γ nur positive Eigenwerte, die mit $\lambda_1,\ldots,\lambda_n$ bezeichnet seien ($\lambda_1 \geq \ldots \geq \lambda_n > 0$). Ferner existieren zugehörige Eigenvektoren $\mathbf{a}^1,\ldots,\mathbf{a}^n$, die normiert und paarweise orthogonal sind. Es sei die Matrix Λ definiert durch

$$\Lambda = \begin{pmatrix} \lambda_1 & & \\ & \ddots & \\ & & \lambda_n \end{pmatrix}$$

und

$$\mathbf{A} := (\mathbf{a}^1,\ldots,\mathbf{a}^n)$$

16.10 Normalverteilung

bezeichne die Matrix mit den Spaltenvektoren $\mathbf{a}^1,\ldots, \mathbf{a}^n$. Dabei ist $\mathbf{A}$ orthogonal, d.h. es gilt

$$\mathbf{A}^T\mathbf{A} = \mathbf{A}\mathbf{A}^T = \mathbf{I}$$

und somit

$$\mathbf{A}^T = \mathbf{A}^{-1}. \tag{16.10.07}$$

Aus der Definition der λ_i und $\mathbf{a}^i$ folgt unmittelbar

$$\Gamma \mathbf{a}^i = \lambda_i \mathbf{a}^i$$

für $i = 1,\ldots,n$ und folglich

$$\begin{aligned}\Gamma \mathbf{A} &= \Gamma(\mathbf{a}^1,\ldots,\mathbf{a}^n) = (\Gamma \mathbf{a}^1,\ldots,\Gamma \mathbf{a}^n) \\ &= (\lambda_1 \mathbf{a}^1,\ldots,\lambda_n \mathbf{a}^n) = \mathbf{A}\Lambda.\end{aligned} \tag{16.10.08}$$

Multipliziert man (16.10.08) mit $\mathbf{A}^T$ von rechts bzw. links, so folgt (vgl. (16.10.07))

$$\Gamma = \mathbf{A}\Lambda\mathbf{A}^T \tag{16.10.09}$$

bzw.

$$\mathbf{A}^T\Gamma\mathbf{A} = \Lambda. \tag{16.10.10}$$

Aus (16.10.09) folgt ferner

$$|\Gamma| = |\mathbf{A}||\Lambda|\left|\mathbf{A}^T\right|$$

und somit wegen

$$\begin{aligned}\left|\mathbf{A}^T\right| &= |\mathbf{A}| \\ |\Gamma|^{\frac{1}{2}} &= |\Lambda|^{\frac{1}{2}}\left|\mathbf{A}^T\right| = \left|\Lambda^{\frac{1}{2}}\mathbf{A}^T\right|.\end{aligned} \tag{16.10.11}$$

Es seien nun $\Lambda^{\frac{1}{2}}$ und $\Lambda^{-\frac{1}{2}}$ definiert durch

$$\Lambda^{\frac{1}{2}} = \begin{pmatrix} \lambda_1^{\frac{1}{2}} & & \\ & \ddots & \\ & & \lambda_n^{\frac{1}{2}} \end{pmatrix}$$

bzw.

$$\Lambda^{-\frac{1}{2}} = (\Lambda^{-1})^{\frac{1}{2}} = \begin{pmatrix} \lambda_1^{-\frac{1}{2}} & & \\ & \ddots & \\ & & \lambda_n^{-\frac{1}{2}} \end{pmatrix}.$$

Da offenbar $\Lambda^{\frac{1}{2}}\Lambda^{\frac{1}{2}} = \Lambda$ und $\Lambda^{-\frac{1}{2}}\Lambda^{-\frac{1}{2}} = \Lambda^{-1}$ gilt, kann man $\Lambda^{\frac{1}{2}}$ und $\Lambda^{-\frac{1}{2}}$ als die Wurzeln der Diagonalmatrizen Λ und Λ^{-1} bezeichnen. Eine Erweiterung des Wurzelbegriffs auf allgemeine Matrizen ist möglich. Dies würde jedoch den Rahmen des Kapitels sprengen.

Mit Hilfe der Variablentransformation

$$\mathbf{u} := \Lambda^{\frac{1}{2}} \mathbf{A}^T (\mathbf{x} - \boldsymbol{\mu})$$
$$\Leftrightarrow (\mathbf{x} - \boldsymbol{\mu}) = \mathbf{A} \Lambda^{-\frac{1}{2}} \mathbf{u} \qquad (16.10.12)$$
$$\Leftrightarrow (\mathbf{x} - \boldsymbol{\mu})^T = \mathbf{u}^T \Lambda^{-\frac{1}{2}} \mathbf{A}^T$$

kann das Integral (16.10.6) jetzt umgeformt werden. Man wendet also in Verallgemeinerung des eindimensionalen Falls die Substitutionsregel der Integralrechnung mehrerer Variabler an mit

$$f(\mathbf{u}) = \frac{1}{(2\pi)^{\frac{n}{2}}} e^{-\frac{1}{2} \mathbf{u}^T \mathbf{u}},$$

$$\mathbf{u} = \mathbf{g}(\mathbf{t}) = \Lambda^{\frac{1}{2}} \mathbf{A}^T (\mathbf{t} - \boldsymbol{\mu}) \qquad \text{(vgl. (16.10.12))}$$

$$\Rightarrow \left| \frac{d\mathbf{g}}{d\mathbf{t}} \right| = \left| \Lambda^{\frac{1}{2}} \mathbf{A}^T \right| = |\Gamma|^{\frac{1}{2}} = |\Sigma|^{-\frac{1}{2}} \qquad \text{(vgl. (16.10.11))}.$$

Die einzelnen Umformungsschritte ergeben sich wie folgt (vgl. (16.10.09)):

$$\int_{B = \left\{ \mathbf{x} \mid (\mathbf{x}-\boldsymbol{\mu})^T \Sigma^{-1} (\mathbf{x}-\boldsymbol{\mu}) \leq r^2 \right\}} \frac{1}{(2\pi)^{\frac{n}{2}}} |\Sigma|^{-\frac{1}{2}} e^{-\frac{1}{2}(\mathbf{t}-\boldsymbol{\mu})^T \Sigma^{-1}(\mathbf{t}-\boldsymbol{\mu})} d\mathbf{t}$$

$$= \int_{B = \left\{ \mathbf{x} \mid (\mathbf{x}-\boldsymbol{\mu})^T \Sigma^{-1} (\mathbf{x}-\boldsymbol{\mu}) \leq r^2 \right\}} \frac{1}{(2\pi)^{\frac{n}{2}}} |\Sigma|^{-\frac{1}{2}} e^{-\frac{1}{2}(\mathbf{t}-\boldsymbol{\mu})^T \mathbf{A} \Lambda^{\frac{1}{2}} \Lambda^{\frac{1}{2}} \mathbf{A}^T (\mathbf{t}-\boldsymbol{\mu})} d\mathbf{t}$$

$$= \int_{B = \left\{ \mathbf{x} \mid \mathbf{g}(\mathbf{x})^T \mathbf{g}(\mathbf{x}) \leq r^2 \right\}} \frac{1}{(2\pi)^{\frac{n}{2}}} \left| \frac{d\mathbf{g}}{d\mathbf{x}} \right| e^{-\frac{1}{2} \mathbf{g}(\mathbf{t})^T \mathbf{g}(\mathbf{t})} d\mathbf{t}$$

16.10 Normalverteilung

$$= \int_{B=\{x|g(x)^T g(x) \leq r^2\}} f(g(t))\left|\frac{dg}{dt}\right| dt$$

$$= \int_{g(B)=\{g(x)|g(x)^T g(x) \leq r^2\}} f(u)\, du$$

$$= \int_{\{y|y^T y \leq r^2\}} \frac{1}{(2\pi)^{\frac{n}{2}}} e^{-\frac{1}{2} u^T u}\, du.$$

Der Wert des Integrals (16.10.06) ist also unabhängig von den Parametern μ und Σ, was sich durch die formale Übereinstimmung des Terms im Exponenten mit dem Term in der Definition des Integrationsbereichs erklären läßt.

Insbesondere hat die Substitution den ursprünglichen Integrationsbereich in Form eines Ellipsoids in eine Kugel vom Radius r überführt.

Beispiel 16.10.3

Zur Veranschaulichung sei in (16.10.06)

$$n = 2,\ \Sigma = \begin{pmatrix} 1 & 2 \\ 2 & 5 \end{pmatrix},\ \mu = \begin{pmatrix} 3 \\ 5 \end{pmatrix},\ r = 1.$$

Wegen

$$(x_1, x_2)\begin{pmatrix} 1 & 2 \\ 2 & 5 \end{pmatrix}\begin{pmatrix} x_1 \\ x_2 \end{pmatrix} = x_1^2 + 2x_1 x_2 + 2x_1 x_2 + 5x_2^2$$

$$= (x_1 + 2x_2)^2 + x_2^2$$

$$> 0 \text{ für } \begin{pmatrix} x_1 \\ x_2 \end{pmatrix} \neq 0$$

ist Σ eine symmetrische, positiv-definite Matrix und das Integral (16.10.06) der n-dimensionalen Normalverteilung nimmt für die vorstehenden Parameterwerte die Form

$$\iint_{B=\left\{\binom{x_1}{x_2} \mid (x_1-3, x_2-5)\binom{5\ -2}{-2\ \ 1}\binom{x_1-3}{x_2-5} \leq 1\right\}} \frac{1}{(2\pi)^{\frac{2}{2}}} \left|\begin{matrix} 1 & 2 \\ 2 & 5 \end{matrix}\right|^{-\frac{1}{2}} e^{-\frac{1}{2}(t_1-3,\, t_2-5)\binom{5\ -2}{-2\ \ 1}\binom{t_1-3}{t_2-5}}\, dt_1 dt_2$$

$$= \frac{1}{2\pi} \iint_{B=\left\{\begin{pmatrix}x_1\\x_2\end{pmatrix}\middle|(x_1-3,x_2-5)\begin{pmatrix}5 & -2\\-2 & 1\end{pmatrix}\begin{pmatrix}x_1-3\\x_2-5\end{pmatrix}\leq 1\right\}} e^{-\frac{1}{2}((t_1-3)^2-4(t_1-3)(t_2-5)+5(t_2-5)^2)} dt_1 dt_2$$

(16.10.13)

an.

In Abb. 16.10.4 ist die obige Wahrscheinlichkeitsdichtefunktion, d.h. der Integrand in (16.10.13), in Form einer Isohöhenlinie dargestellt. Letztere erhält man als die Lösungsmengen von

$$\frac{1}{2\pi} e^{-\frac{1}{2}(x_1-3,x_2-5)\begin{pmatrix}5 & -2\\-2 & 1\end{pmatrix}\begin{pmatrix}x_1-3\\x_2-5\end{pmatrix}} = C$$

(16.10.14)

$$\Leftrightarrow (x_1-3,x_2-5)\begin{pmatrix}5 & -2\\-2 & 1\end{pmatrix}\begin{pmatrix}x_1-3\\x_2-5\end{pmatrix} = -2\ln(2\pi C) =: C',$$

die Ellipsen zum Zentrum $\mu = \begin{pmatrix}3\\5\end{pmatrix}$ darstellen.

Durch die obige Variablentransformation läßt sich das Integral (16.10.13) in die Form

$$\frac{1}{2\pi} \int_{\{y|y^T y\leq 1\}} e^{-\frac{1}{2}u^T u} du = \frac{1}{2\pi} \int_{-1}^{1} \int_{-\sqrt{1-y_2^2}}^{\sqrt{1-y_2^2}} e^{-\frac{1}{2}(y_1^2+y_2^2)} dy_1 dy_2$$

überführen.

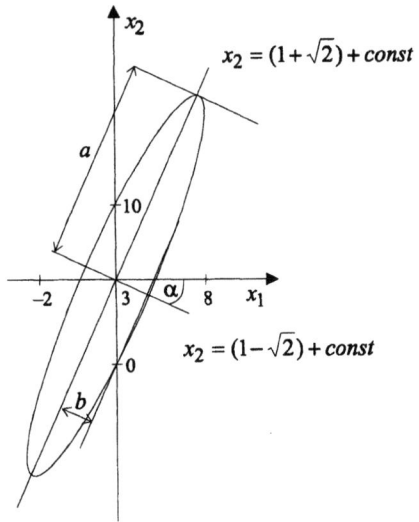

Abb. 16.10.4: Isohöhenlinie der Dichtefunktion einer 2-dimensionalen Normalverteilung

16.10 Normalverteilung

Abschließend sollen die bei der Variablentransformation eingeführten Größen λ_i, $\mathbf{a}^i$, Λ, $\mathbf{A}$ anschaulich interpretiert werden.

Die Eigenwerte und zugehörige orthonormale Eigenvektoren von
$$\Gamma = \Sigma^{-1} = \begin{pmatrix} 5 & -2 \\ -2 & 1 \end{pmatrix} \text{ sind}$$

$$\lambda_1 = 3 + \sqrt{8}, \lambda_2 = -\sqrt{8}$$

bzw.

$$\mathbf{a}^1 = \begin{pmatrix} \dfrac{1}{\sqrt{4-\sqrt{8}}} \\ \dfrac{1-\sqrt{2}}{\sqrt{4-\sqrt{8}}} \end{pmatrix} \quad \mathbf{a}^2 = \begin{pmatrix} \dfrac{1}{\sqrt{4+\sqrt{8}}} \\ \dfrac{1+\sqrt{2}}{\sqrt{4+\sqrt{8}}} \end{pmatrix}.$$

Es sind $\mathbf{a}^1$ und $\mathbf{a}^2$ normierte Vektoren, die in die Richtungen der Hauptachsen (Symmetrieachsen) der Ellipsen in Abb. 16.10.4 weisen. Der Ausdruck $\sqrt{\dfrac{\lambda_1}{\lambda_2}}$ repräsentiert das Verhältnis der Hauptachsenabschnitte. Z. B. für $C' = 25$ sind die Hauptachsenabschnitte $a = 5\sqrt{\dfrac{2+\sqrt{2}}{2-\sqrt{2}}} \approx 12.07$ und $b = 5\sqrt{\dfrac{2-\sqrt{2}}{2+\sqrt{2}}} \approx 2.07$ (vgl. Abb. 16.10.4), und es gilt

$$\frac{a}{b} = \frac{2+\sqrt{2}}{2-\sqrt{2}} = \sqrt{\frac{3+\sqrt{8}}{3-\sqrt{8}}} = \sqrt{\frac{\lambda_1}{\lambda_2}}.$$

Die Matrix

$$\mathbf{A} = (\mathbf{a}^1, \mathbf{a}^2) = \begin{pmatrix} \dfrac{1}{\sqrt{4-\sqrt{8}}} & \dfrac{1}{\sqrt{4+\sqrt{8}}} \\ \dfrac{1-\sqrt{2}}{\sqrt{4-\sqrt{8}}} & \dfrac{1+\sqrt{2}}{\sqrt{4+\sqrt{8}}} \end{pmatrix}$$

– bzw. die zugehörige Abbildung $\begin{pmatrix} x_1 \\ x_2 \end{pmatrix} \mapsto \mathbf{A}\begin{pmatrix} x_1 \\ x_2 \end{pmatrix}$ – läßt sich als Drehung um den Winkel α im Uhrzeigersinn auffassen (vgl. Abb. 16.10.4). Insbesondere wird der Vektor $\begin{pmatrix} 1 \\ 0 \end{pmatrix}$ dem Vektor $\mathbf{A}\begin{pmatrix} 1 \\ 0 \end{pmatrix} = \mathbf{a}^1$ zugeordnet, und $\begin{pmatrix} 0 \\ 1 \end{pmatrix}$ wird $\mathbf{A}\begin{pmatrix} 0 \\ 1 \end{pmatrix} = \mathbf{a}^2$ zugeordnet.

Die Matrix $\mathbf{A}^T = \mathbf{A}^{-1}$ bewirkt entsprechend eine Drehung in der umgekehrten Richtung.

Führt man in der Ellipsendarstellung

$$(x_1, x_2)\begin{pmatrix} 5 & -2 \\ -2 & 1 \end{pmatrix}\begin{pmatrix} x_1 \\ x_2 \end{pmatrix} = 25 \qquad (16.10.15)$$

die Variablen $\begin{pmatrix} y_1 \\ y_2 \end{pmatrix} = \mathbf{A}^T \begin{pmatrix} x_1 \\ x_2 \end{pmatrix}$ $\left(\Rightarrow \mathbf{A}\begin{pmatrix} y_1 \\ y_2 \end{pmatrix} = \begin{pmatrix} x_1 \\ x_2 \end{pmatrix}\right)$ ein, so kommt dies einer Drehung der Ellipse (16.10.15) gleich. Denn die transformierte Darstellung lautet dann (vgl. (16.10.10))

$$(y_1, y_2)\mathbf{A}^T\begin{pmatrix} 5 & -2 \\ -2 & 1 \end{pmatrix}\mathbf{A}\begin{pmatrix} y_1 \\ y_2 \end{pmatrix} = 25$$

$$\Leftrightarrow (y_1, y_2)\Lambda\begin{pmatrix} y_1 \\ y_2 \end{pmatrix} = 25$$

$$\Leftrightarrow \lambda_1 y_1^2 + \lambda_2 y_2^2 = 25$$

$$\Leftrightarrow (3+\sqrt{8})y_1^2 + (3-\sqrt{8})y_2^2 = 25, \qquad (16.10.16)$$

wodurch eine Ellipse dargestellt wird, deren Hauptachsen die Koordinatenachsen sind.

Schließlich kann man die Matrix $\Lambda^{\frac{1}{2}}$ als „Verzerrungsfaktor" interpretieren, der Ellipsen in Kreise überführt.

Führt man in (16.10.16) noch die Variablentransformation

$$\begin{pmatrix} z_1 \\ z_2 \end{pmatrix} = \Lambda^{\frac{1}{2}}\begin{pmatrix} y_1 \\ y_2 \end{pmatrix} = \begin{pmatrix} \sqrt{\lambda_1} y_1 \\ \sqrt{\lambda_2} y_2 \end{pmatrix} \quad (\Rightarrow \lambda_1 y_1^2 = z_1^2, \lambda_2 y_2^2 = z_2^2)$$

durch, so ist die transformierte Darstellung

$$z_1^2 + z_2^2 = 25,$$

wodurch ein Kreis vom Radius 5 beschrieben wird.

Lösungen zu den Übungsaufgaben

Kapitel 13

Übungsaufgabe 13.1.8

i) Nach Definition 13.1.6 ist ein Polynom vom Grad 0 eine Konstante und somit affinlinear.

Ein Polynom von Grad 1 hat offenbar die Form (13.1.01.), wobei mindestens einer der Koeffizienten $a_1,...,a_n$ ungleich 0 ist. Die Polynome vom Grad ≤ 1 sind also affinlineare Funktionen. Offenbar gilt auch die Umkehrung.

ii) Die allgemeine Form einer quadratischen Funktion lautet:

$$f(x_1,...,x_n) = a_0 + a_1 x_1 + ... + a_n x_n + \sum_{i,j=1}^{n} b_{ij}\, x_i\, x_j \quad i \leq j$$

mit beliebigen reellen Zahlen a_i und b_{ij}.

$\checkmark$

Übungsaufgabe 13.1.18

i) Wegen $\lim\limits_{m \to \infty} \dfrac{1}{m} = 0$ und $\lim\limits_{m \to \infty} cos\dfrac{m}{m+1} = cos\,1$ gilt

$$\lim_{m \to \infty} \mathbf{x}^{(m)} = (0,\, cos\,1)^T.$$

ii) Der Grenzwert existiert nicht, da $sin\, m$ für $m \to \infty$ nicht konvergiert.

iii) Wegen $\lim\limits_{m \to \infty} sin\dfrac{1}{m} = sin\,0 = 0$ und $\lim\limits_{m \to \infty}\left(\dfrac{1}{\sqrt{m}} + 3\right) = 0 + 3 = 3$ gilt

$$\lim_{m \to \infty} \mathbf{x}^{(m)} = (0,\, 3)^T.$$

$\checkmark$

Übungsaufgabe 13.1.24

Für eine lineare Funktion $f(x_1,...,x_n) = a_1 x_1 +...+ a_n x_n$ gilt offenbar

$$f(\lambda x_1,...,\lambda x_n) = a_1 \lambda x_1 +...+ a_n \lambda x_n = \lambda(a_1 x_1 +...+ a_n x_n) = \lambda f(x_1,...,x_n).$$

Übungsaufgabe 13.1.26

Die Funktion lautet

$$f(x_1, x_2) = 2\sqrt{x_1^2 + 2x_2^2}.$$

Die Isohöhenlinien sind die Lösungsmengen der Gleichungen

$$2\sqrt{x_1^2 + 2x_2^2} = c \Leftrightarrow x_1^2 + \tilde{x}_2^2 = c^* \text{ mit } c^* := \frac{c^2}{4} \text{ und } \tilde{x}_2 = \sqrt{2}\, x_2.$$

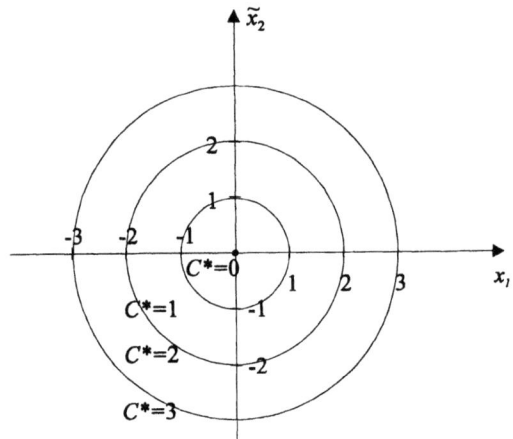

Übungsaufgabe 13.2.6

Es gilt

$$f_{x_1}(x_1, x_2, x_3) = x_2 \cos(x_1 x_2) + e^{x_2}$$

$$f_{x_2}(x_1, x_2, x_3) = x_1 \cos(x_1 x_2) + 2x_2\sqrt{x_3} + x_1 e^{x_2}$$

Lösungen zu den Übungsaufgaben

$$fx_3(x_1,x_2,x_3) = \frac{x_2^2}{2\sqrt{x_3}} \qquad \text{bzw.}$$

$$fx_1(x_1,x_2,x_3) = \frac{e^{x_1} x_3}{\sin x_2} + 5x_1^4 \, x_2 \, x_3^2$$

$$fx_2(x_1,x_2,x_3) = -\frac{e^{x_1} x_3 \cos x_2}{\sin^2 x_2} + x_1^5 \, x_3^2$$

$$fx_3(x_1,x_2,x_3) = \frac{e^{x_1}}{\sin x_2} + 2x_3 \, x_1^5 \, x_2$$

✓

Übungsaufgabe 13.2.10

i) $\quad fx_1(x_1,x_2) = \dfrac{\cos(x_1+x_2)e^{x_1 x_2} - \sin(x_1+x_2)x_2 e^{x_1 x_2}}{e^{2x_1 x_2}}$

$\quad fx_2(x_1,x_2) = \dfrac{\cos(x_1+x_2)e^{x_1 x_2} - \sin(x_1+x_2)x_1 \, e^{x_1 x_2}}{e^{2x_1 x_2}}$

ii) $\quad fx_1(x_1,x_2) = x_2 \ln(x_1+x_2) + \dfrac{x_1 \, x_2}{x_1+x_2}$

$\quad fx_2(x_1,x_2) = x_1 \ln(x_1+x_2) + \dfrac{x_1 \, x_2}{x_1+x_2}$

✓

Übungsaufgabe 13.2.13

Es gilt

$$\mathbf{grad}\ f(\mathbf{x}) = \begin{pmatrix} x_2 \cos(x_1 x_2) + e^{x_2} \\ x_1 \cos(x_1 x_2) + 2x_2\sqrt{x_3} + x_1 e^{x_2} \\ \dfrac{x_2^2}{2\sqrt{x_3}} \end{pmatrix}$$

bzw.

$$\mathbf{grad}\ f(\mathbf{x}) = \begin{pmatrix} \dfrac{e^{x_1} x_3}{\sin x_2} + 5x_1^4 x_2 x_3^2 \\ \dfrac{e^{x_1} x_3 \cos x_2}{\sin^2 x_2} + x_1^5 x_3^2 \\ \dfrac{e^{x_1}}{\sin x_2} + 2x_3 x_1^5 x_2 \end{pmatrix}.$$

✓

Übungsaufgabe 13.2.17

Mit Hilfe der Regeln für eindimensionale Funktionen ergibt sich:

$$F'(t) = 2e^{2t} t^2 + e^{2t} \cdot 2t + \cos(t^2) \cdot 2t$$
$$= 2t(te^{2t} + e^{2t} + \cos(t^2)).$$

✓

Übungsaufgabe 13.2.18

Wegen

$$\mathbf{grad}\ f(x_1, x_2) = \begin{pmatrix} (x_1+1)e^{x_1+x_2} \\ x_1 e^{x_1+x_2} \end{pmatrix} = e^{x_1+x_2} \begin{pmatrix} x_1+1 \\ x_1 \end{pmatrix}$$

gilt nach der verallgemeinerten Kettenregel

$$F'(t) = \mathbf{grad}^T f(g_1(t), g_2(t)) \cdot \begin{pmatrix} g_1'(t) \\ g_2'(t) \end{pmatrix}$$

$$= e^{g_1(t)+g_2(t)} (g_1(t)+1, g_1(t)) \cdot \begin{pmatrix} g_1'(t) \\ g_2'(t) \end{pmatrix}$$

$$= e^{t^3+5t^2-t}(t^3+6, t^3+5) \begin{pmatrix} 3t^2 \\ 2t-1 \end{pmatrix}$$

$$= e^{t^3+t^2-t+5}(3t^5 + 18t^2 + 2t^4 + 10t - t^3 - 5)$$

$$= (3t^5 + 2t^4 - t^3 + 18t^2 + 10t - 5)e^{t^3+t^2-t+5}.$$

Der zweite Lösungsweg liefert damit übereinstimmend

Lösungen zu den Übungsaufgaben

$$F'(t) = \frac{d}{dt}(t^3+5)e^{t^3+t^2-t+5}$$

$$= 3t^2 e^{t^3+t^2-t+5} + (t^3+5)(3t^2+2t-1)e^{t^3+t^2-t+5}$$

$$= (3t^5 + 2t^4 - t^3 + 18t^2 + 10t - 5)e^{t^3+t^2-t+5}.$$

✓

Übungsaufgabe 13.2.22

$f_{x_1}(x_1, x_2) = \cos(x_1 + x_2) + 3x_1^2 x_2^2$

$f_{x_2}(x_1, x_2) = \cos(x_1 + x_2) + 2x_1^3 x_2$

$f_{x_1 x_1}(x_1, x_2) = -\sin(x_1 + x_2) + 6x_1 x_2^2$

$f_{x_1 x_2}(x_1, x_2) = -\sin(x_1 + x_2) + 6x_1^2 x_2$

$f_{x_2 x_1}(x_1, x_2) = -\sin(x_1 + x_2) + 6x_1^2 x_2 = f_{x_1 x_2}(x_1, x_2)$

$f_{x_2 x_2}(x_1, x_2) = -\sin(x_1 + x_2) + 2x_1^3$

✓

Übungsaufgabe 13.2.26

i) $f_{x_1}(x_1, x_2) = x_2 \cos(x_1 x_2) + e^{x_2}$

$f_{x_2}(x_1, x_2) = x_1 \cos(x_1 x_2) + x_1 e^{x_2}$

$$\mathbf{H}f(\mathbf{x}) = \begin{pmatrix} -x_2^2 \sin(x_1 x_2), & \cos(x_1 x_2) - x_2 x_1 \sin(x_1 x_2) + e^{x_2} \\ \cos(x_1 x_2) - x_2 x_1 \sin(x_1 x_2) + e^{x_2}, & -x_1^2 \sin(x_1 x_2) + x_1 e^{x_2} \end{pmatrix}$$

ii) Bei zweimaliger stetiger Differenzierbarkeit von f gilt gemäß Bem. 13.2.23 i)

$f_{x_i x_j}(\mathbf{x}) = f_{x_j x_i}(\mathbf{x})$

für alle $i, j = 1, \ldots, n$ und alle $\mathbf{x} \in D_f$.

Unter diesen Voraussetzungen ist die Hesse-Matrix

$$\mathbf{H}f(\mathbf{x}) = \begin{pmatrix} f_{x_1 x_2}(\mathbf{x}) & \cdots & f_{x_1 x_n}(\mathbf{x}) \\ \vdots & & \vdots \\ f_{x_n x_1}(\mathbf{x}) & \cdots & f_{x_n x_n}(\mathbf{x}) \end{pmatrix}$$

symmetrisch. ✓

Übungsaufgabe 13.3.8

Die Daten sind in den folgenden drei Tabellen zusammengefaßt

			$f(x_1,x_2)$		
$x_2 = 2{,}2$	0.5497	0.5096	0.4607	0.3997	0.3197
·	0.5916	0.5545	0.5099	0.4555	0.3873
·	0.6289	0.5942	0.5528	0.5030	0.4422
·	0.6625	0.6296	0.5907	0.5444	0.4888
$x_2 = 1{,}8$	0.6928	0.6614	0.6245	0.5809	0.5292
	$x_1 = 0{,}8$	$x_1 = 0{,}9$	$x_1 = 1$	$x_1 = 1{,}1$	$x_1 = 1{,}2$

			$t(x_1,x_2)$		
$x_2 = 2{,}2$	0.5628	0.5176	0.4724	0.4271	0.3819
·	0.6030	0.5578	0.5126	0.4673	0.4221
·	0.6432	0.5980	0.5528	0.5075	0.4623
·	0.6834	0.6382	0.5930	0.5477	0.5025
$x_2 = 1{,}8$	0.7236	0.6784	0.6332	0.5879	0.5427
	$x_1 = 0{,}8$	$x_1 = 0{,}9$	$x_1 = 1$	$x_1 = 1{,}1$	$x_1 = 1{,}2$

relativer Fehler

$x_2 = 2{,}2$	0.0238	0.0156	0.0254	0.0688	0.1945
·	0.0193	0.0059	0.0052	0.0260	0.0899
·	0.0227	0.0064	0	0.0089	0.0455
·	0.0316	0.0137	0.0039	0.0061	0.0281
$x_2 = 1{,}8$	0.0445	0.0256	0.0139	0.0120	0.0256
	$x_1 = 0{,}8$	$x_1 = 0{,}9$	$x_1 = 1$	$x_1 = 1{,}1$	$x_1 = 1{,}2$

✓

Lösungen zu den Übungsaufgaben

Übungsaufgabe 13.4.4

$$EN_1\left(\frac{3}{2}p_2\right) = \frac{\frac{3}{2}p_2}{\frac{3}{2}p_2 - 4} = \frac{p_2}{p_2 - \frac{8}{3}} = EN_2(p_2)$$

✓

Übungsaufgabe 13.4.7

i) $Af(x) = \dfrac{\frac{1}{2}\sqrt{x}}{\sqrt{x}} = \dfrac{1}{2x}$

$Ef(x) = x\, Af(x) = \dfrac{1}{2}$

ii) $Af(x) = \dfrac{-\sin x}{\cos x} = -\tan x$

$Ef(x) = -x \tan x$

iii) $Af(x) = \dfrac{\frac{1}{x}}{\ln x} = \dfrac{1}{x \ln x}$

$Ef(x) = \dfrac{1}{\ln x}$

✓

Übungsaufgabe 13.4.11

Die Funktion $f(x) = 6x^{\frac{3}{2}}$ läßt sich wie folgt in einem logarithmischen Koordinatensystem darstellen.

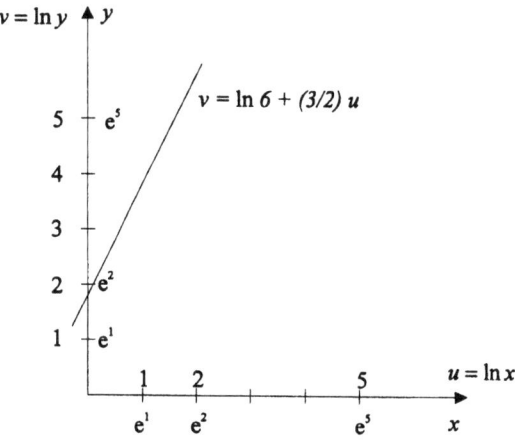

Ersetzt man in $y = 6x^{\frac{3}{2}}$ die Koordinaten x und y durch e^u und e^v, so ergibt sich $e^v = 6\,e^{\left(\frac{3}{2}\right)u}$, woraus durch Logarithmieren beider Seiten $v = \ln 6 + \frac{3}{2}u$ folgt.

Für die Elastizität von f gilt

$$Ef(x) = \frac{xf'(x)}{f(x)} = \frac{x \cdot 9x^{\frac{1}{2}}}{6x^{\frac{3}{2}}} = \frac{3}{2}.$$

Die Elastizität ist also für $x > 0$ identisch gleich $\frac{3}{2}$. Übereinstimmend damit hat der Graph von f in der obigen Abbildung die konstante Steigung $\frac{3}{2}$.

✓

Übungsaufgabe 13.4.17

i) Mit $f(x) = x^3$ und $g(x) = e^{2x}$ gilt

$$Eh(x) = Ef(x) + Eg(x) = \frac{x \cdot 3x^2}{x^3} + \frac{x \cdot 2e^{2x}}{e^{2x}} = 3 + 2x.$$

ii) Mit $f(x) = e^{3x}$ und $g(x) = \sqrt{x}$ gilt

$$Eh(x) = Ef(x) - Eg(x) = \frac{x \cdot 3e^{3x}}{e^{3x}} - \frac{\frac{x}{(2\sqrt{x})}}{\sqrt{x}} = 3x - \frac{1}{2}.$$

✓

Übungsaufgabe 13.5.4

$$A_{x_1} f(x_1, x_2) = \frac{\frac{1}{2\sqrt{x_1}} e^{x_1 + x_2^2} + \sqrt{x_1}\, e^{x_1 + x_2^2}}{\sqrt{x_1}\, e^{x_1 + x_2^2}} = \frac{1}{2x_1} + 1$$

$$E_{x_1} f(x_1, x_2) = \frac{1}{2} + x_1$$

$$A_{x_2} f(x_1, x_2) = \frac{\sqrt{x_1} \cdot 2x_2 e^{x_1 + x_2^2}}{\sqrt{x_1}\, e^{x_1 + x_2^2}} = 2x_2$$

$$E_{x_2} f(x_1, x_2) = 2x_2^2$$

✓

Kapitel 14

Übungsaufgabe 14.2.8

Die Hesse-Matrix der Funktion

$$f(x_1, x_2) = x_1^2 + x_2^4$$

ist

$$\mathbf{H}f(x_1, x_2) = \begin{pmatrix} 2 & 0 \\ 0 & 12x_2^2 \end{pmatrix}$$

Die Funktion ist konvex auf dem gesamten Definitionsbereich, da die Matrix für alle **x** positiv semidefinit ist.

Übungsaufgabe 14.3.6

Die ersten partiellen Ableitungen der Funktion f sind

$$f_{x_1}(x_1, x_2, x_3) = 2(x_1 - 2)$$
$$f_{x_2}(x_1, x_2, x_3) = -2(x_2 + 3)$$
$$f_{x_3}(x_1, x_2, x_3) = 2(x_3 - 5)$$

Somit hat f nur den einen kritischen Punkt $\mathbf{x}^{(o)} = (2, -3, 5)^T$

Die Hesse-Matrix

$$\mathbf{H}f(x_1, x_2, x_3) = \begin{pmatrix} 2 & 0 & 0 \\ 0 & -2 & 0 \\ 0 & 0 & 2 \end{pmatrix}$$

ist für alle **x** indefinit. Also hat f in $\mathbf{x}^{(o)}$ einen Sattelpunkt.

Übungsaufgabe 14.3.7

Die kritischen Punkte von f ergeben sich durch Lösen des Gleichungssystems

$$f_{x_1}(x_1, x_2, x_3) = -8x_1 - 8x_3 = 0 \quad (1)$$
$$f_{x_2}(x_1, x_2, x_3) = -2(x_2 - 1) = 0 \quad (2)$$
$$f_{x_3}(x_1, x_2, x_3) = -8x_1 - 4x_3^3 = 0 \quad (3)$$

Aus (2) folgt $x_2 = 1$. Subtrahiert man (3) von (1), so ergibt sich

$$4x_3^3 - 8x_3 = 0.$$

Diese Gleichung hat die Lösungen $x_3 = 0$, $x_3 = \sqrt{2}$, $x_3 = -\sqrt{2}$. Die zugehörigen Werte für x_1 ergeben sich dann aus (1) zu $x_1 = 0$, $x_1 = -\sqrt{2}$, $x_1 = \sqrt{2}$.

Insgesamt liefert das Gleichungssystem (1) – (3) die drei kritischen Punkte $\mathbf{x}^{(1)} = (0,1,0)^T$, $\mathbf{x}^{(2)} = (-\sqrt{2},1,\sqrt{2})^T$, $\mathbf{x}^{(3)} = (\sqrt{2},1,-\sqrt{2})^T$.

Für die Hesse-Matrix von f erhält man aus (1) – (3)

$$\mathbf{H}f(\mathbf{x}) = \begin{pmatrix} -8 & 0 & -8 \\ 0 & -2 & 0 \\ -8 & 0 & -12x_3^2 \end{pmatrix}.$$

Die Berechnung der Haupt-Unterdeterminanten zeigt, daß $\mathbf{H}f(\mathbf{x}^{(2)})$ und $\mathbf{H}f(\mathbf{x}^{(3)})$ negativ definit sind, während $\mathbf{H}f(\mathbf{x}^{(1)})$ indefinit ist.

Somit nimmt f in $\mathbf{x}^{(2)}$ und $\mathbf{x}^{(3)}$ jeweils ein lokales Maximum an; $\mathbf{x}^{(1)}$ ist ein Sattelpunkt von f.

Die Funktionswerte an den Maximalstellen sind

$$f(\mathbf{x}^{(2)}) = 25 - 4 \cdot 2 - 8(-2) - 4 = f(\mathbf{x}^{(3)}) = 29.$$

Also nimmt f in $\mathbf{x}^{(2)}$ und $\mathbf{x}^{(3)}$ auch jeweils ein globales Maximum an. ✓

Übungsaufgabe 14.3.10

i) Wegen

$$f_{x_1}(x_1, x_2) = -2x_1$$
$$f_{x_2}(x_1, x_2) = -2(x_2 + 3)$$

hat f den kritischen Punkt $\mathbf{x}^{(0)} = (0, -3)^T$. Da

$$\mathbf{H}f(x_1, x_2) = \begin{pmatrix} -2 & 0 \\ 0 & -2 \end{pmatrix}$$

gilt, ist $\mathbf{x}^{(0)}$ ein lokales Maximum mit dem Funktionwert $f(\mathbf{x}^{(0)}) = 0$.

Lösungen zu den Übungsaufgaben 155

ii) Als Lösungen des Systems

$$f_{x_1}(x_1, x_2) = -3x_1^2 - x_2 = 0$$
$$f_{x_2}(x_1, x_2) = -x_1 + 3x_2^2 = 0$$

ergeben sich die beiden Schnittpunkte

$$\mathbf{x}^{(1)} = (0, 0)^T \text{ und } \mathbf{x}^{(2)} = \left(\frac{1}{3}, \frac{1}{3}\right)^T$$

der Parabeln $x_2 = 3x_1^2$ und $x_1 = 3x_2^2$. Dies sind die kritischen Punkte von f. Wegen

$$\mathbf{H}f(x_1, x_2) = \begin{pmatrix} 6x_1 & -1 \\ -1 & 6x_2 \end{pmatrix}$$

ist $\mathbf{x}^{(1)}$ ein Sattelpunkt und $\mathbf{x}^{(2)}$ eine lokale Minimalstelle mit

$$f(\mathbf{x}^{(2)}) = \left(\frac{1}{3}\right)^3 - \frac{1}{3} \cdot \frac{1}{3} + \left(\frac{1}{3}\right)^3 = -\frac{1}{27}.$$

iii) Als Lösungen des Systems

$$f_{x_1}(x_1, x_2) = x_2 \cdot 2(x_1 - 1) - 2 = 0$$
$$f_{x_1}(x_1, x_2) = (x_1 - 1)^2 - 1 = 0$$

erhält man $\mathbf{x}^{(1)} = (0, -1)^T$ und $\mathbf{x}^{(2)} = (2, 1)$. Die Hesse-Matrix von f ist

$$\mathbf{H}f(x_1, x_2) = \begin{pmatrix} 2x_2 & 2(x_1 - 1) \\ 2(x_1 - 1) & 0 \end{pmatrix}.$$

Also gilt

$$\det \mathbf{H}f(\mathbf{x}^{(1)}) = \begin{vmatrix} -2 & -2 \\ -2 & 0 \end{vmatrix} = -4 \text{ und}$$

$$\det \mathbf{H}f(\mathbf{x}^{(2)}) = \begin{vmatrix} 2 & 2 \\ 2 & 0 \end{vmatrix} = -4.$$

Nach Satz 14.3.8 sind $\mathbf{x}^{(1)}$ und $\mathbf{x}^{(2)}$ also Sattelpunkte von f.

iv) Wegen

$$f_{x_1}(x_1, x_2) = -\sin x_1$$
$$f_{x_2}(x_1, x_2) = -2x_2$$

bestehen die kritischen Punkte von f aus den Punkten der Form

$$\mathbf{x}^{(z)} = (z\pi, 0) \text{ mit } z \in \mathbf{Z}.$$

Die Hesse-Matrix lautet

$$\mathbf{H}f(\mathbf{x}) = \begin{pmatrix} -\cos x_1 & 0 \\ 0 & -2 \end{pmatrix}.$$

Für ein ungerades z gilt

$$\det \mathbf{H}f(\mathbf{x}^{(z)}) = \begin{vmatrix} 1 & 0 \\ 0 & -2 \end{vmatrix} = -2 < 0,$$

d.h. $\mathbf{x}^{(z)}$ ist ein Sattelpunkt. Für gerades z gilt

$$\mathbf{H}f(\mathbf{x}^{(z)}) = \begin{pmatrix} -1 & 0 \\ 0 & -2 \end{pmatrix},$$

d.h. f nimmt in $\mathbf{x}^{(z)}$ ein lokales Maximum an mit $f(\mathbf{x}^{(z)}) = \cos(z\pi) - 0 = 1$.

Übungsaufgabe 14.5.4

Auflösen der ersten Nebenbedingung nach x_1 ergibt

$$x_1 = \varphi(x_2, x_3) = 1 + x_2 - x_3 \tag{1}$$

Ersetzen von x_1 durch $1 + x_2 - x_3$ in den Funktionstermen für f und g_2 liefert das Optimierungsproblem

$$\text{Min } f^*(x_2, x_3) = (1 + x_2 - x_3)^2 + x_2 x_3 - x_3$$
u.d.N.
$$2(1 + x_2 - x_3) + x_2 - x_3 = 3.$$

Auflösen der Nebenbedingung nach x_2 ergibt nun

$$x_2 = \frac{1}{3} + x_3. \tag{2}$$

Einsetzen der rechten Seite für x_2 in den Term $f^*(x_2, x_3)$ ergibt die ohne Nebenbedingung zu minimierende Funktion

$$f^{**}(x_3) = \left(\frac{4}{3}\right)^2 + \left(\frac{1}{3} + x_3\right)x_3 - x_3$$
$$= x_3^2 - \frac{2}{3}x_3 + \frac{16}{9}.$$

Offenbar nimmt f^{**} im Punkt $x_3 = \frac{1}{3}$ ein absolutes Minimum an. Aus (2) und (1) folgt $x_2 = \frac{2}{3}$ und $x_1 = \frac{4}{3}$. Die Funktion f nimmt also ein absolutes Minimum im Punkt $\left(\frac{4}{3}, \frac{2}{3}, \frac{1}{3}\right)^T$ an.

Übungsaufgabe 14.5.9

Die Lagrangefunktion lautet

$$L(x_1, x_2, \lambda) = 5 + 2x_1 + 4x_2 + \lambda(x_1^2 + x_2^2 - 20).$$

Es sind die Lösungen des Systems

$$\begin{aligned}
L_{x_1}(x_1, x_2, \lambda) &= 2 + 2\lambda x_1 &&= 0 \quad &(1)\\
L_{x_2}(x_1, x_2, \lambda) &= 4 + 2\lambda x_2 &&= 0 \quad &(2)\\
L_\lambda(x_1, x_2, \lambda) &= x_1^2 + x_2^2 - 20 &&= 0 \quad &(3)
\end{aligned}$$

zu bestimmen. Löst man (1) und (2) jeweils nach λ auf, so ergibt sich

$$\lambda = -\frac{1}{x_1} \qquad (4)$$

und $\quad \lambda = -\dfrac{2}{x_2}$.

Durch Gleichsetzen der rechten Seiten folgt

$$x_2 = 2x_1. \qquad (5)$$

Einsetzen von $2x_1$ für x_2 in (3) liefert dann

$$x_1^2 + 4x_1^2 - 20 = 0,$$

also $x_1 = \pm 2$. \hfill (6)

Mit Hilfe von (4) – (6) erhält man

$$\mathbf{x}^{(1)} = (x_1^{(1)}, x_2^{(1)}, \lambda^{(1)}) = (2, 4, -\tfrac{1}{2})$$

und $\quad \mathbf{x}^{(2)} = (x_1^{(2)}, x_2^{(2)}, \lambda^{(2)}) = (-2, -4, \tfrac{1}{2})$

als Lösungen des Systems (1) – (3).

Als Extremstellen der Funktion

$$f(x_1, x_2) = 5 + 2x_1 + 4x_2 \qquad (7)$$

u.d.N.

$$x_1^2 + x_2^2 = 20 \qquad (8)$$

kommen somit nur die Punkte $(2,4)^T$ und $(-2,-4)^T$ in Frage. Tatsächlich ist $(2,4)$ eine Maximalstelle von (7) u.d.N. (8) mit

$$f(2,4) = 25$$

und $(-2,-4)$ eine Minimalstelle von (7) u.d.N. (8) mit

$$f(-2,-4) = -15,$$

wie man z.B. mit Hilfe der Variblensubstitution zeigen kann.

Übungsaufgabe 14.5.10

Das Minimierungsroblem lautet

$$\text{Min } F(r, h) = \pi r^2 + 2\pi r h \qquad (1)$$

u.d.N

$$\pi r^2 h = 2000, \qquad (2)$$

wobei r den Radius der Grundfläche und h die Höhe der Dose bezeichnen.

i) *Variablensubstitution*:

Auflösen von (2) nach h ergibt

$$h = \frac{2000}{\pi r^2}. \qquad (3)$$

Einsetzen der rechten Seite für h in (1) führt zur Funktion

$$F^*(r) = \pi r^2 + \frac{4000}{r}$$

ohne Nebenbedingungen, die in $r_0 = \left(\frac{2000}{\pi}\right)^{\frac{1}{3}}$ ihr globales Minimum annimmt. Der zugehörige Wert für h ergibt sich aus (3) zu

$$h_0 = \frac{2000}{\pi 0^2} = \left(\frac{2000}{\pi}\right)^{\frac{1}{3}} = r_0.$$

Die Keksdosen müssen somit die Abmessungen $r_0 = h_0 \approx 8{,}6$ cm haben.

ii) Lagrange-Ansatz:

Die Lagrangefunktion lautet

$$L(r, h, \lambda) = \pi r^2 + 2\pi rh + \lambda(\pi r^2 h - 2000).$$

Die ersten partiellen Ableitungen sind

$$L_r(r, h, \lambda) = 2\pi r + 2\pi h + 2r\lambda\pi h$$
$$L_h(r, h, \lambda) = 2\pi r + \lambda\pi r^2$$
$$L_\lambda(r, h, \lambda) = \pi r^2 h - 2000.$$

Nullsetzen der Ableitungen führt nach Kürzen der ersten beiden Gleichungen durch 2π bzw. πr zum System

$$r + h + r\lambda h = 0 \qquad (4)$$
$$2 + \lambda r = 0 \qquad (5)$$
$$\pi r^2 h - 2000 = 0 \qquad (6)$$

das man wie folgt lösen kann:
Gleichung (5) ergibt

$$\lambda r = -2.$$

Setzt man in (4) für λr den Wert -2 ein, so ergibt sich $r + h - 2h = 0$, also $r = h$. Nun ergeben (6) und (5)

$$r_0 = h_0 = \left(\frac{2000}{\pi}\right)^{\frac{1}{3}}$$

bzw.

$$\lambda_0 = -\frac{2}{r_0} = -2\left(\frac{\pi}{2000}\right)^{\frac{1}{3}}$$

Als Lösung kommt also nur das bereits in Teil i) gefundene Ergebnis in Frage.

Kapitel 15

Übungsaufgabe 15.2.4

i) Trennung der Variablen liefert

$$\int \frac{1}{y} dy = \int \alpha \, dt \Rightarrow$$

$$\ln y = \alpha t + C \Rightarrow$$

$$y = e^{\alpha t + C} = e^C e^{\alpha t}.$$

Die allgemeine Lösung der DGL hat also die Form

$$y(t) = C e^{\alpha t} \quad \text{mit } C \in \mathbf{R}.$$

ii) Aus $y(0) = y_0$ folgt $Ce^0 = y_0$, also $C = y_0$. Die Lösung des Anfangswertproblems ist also

$$y(t) = y_0 e^{\alpha t}.$$

✓

Übungsaufgabe 15.2.5

i) $\int \frac{1}{y^2} dy = \int \sin x \, dx \Rightarrow$

$$-\frac{1}{y} = -\cos x + C \Rightarrow$$

$$y(x) = \frac{1}{\cos x - C}.$$

ii) $\int e^y dy = \int x^3 dx \Rightarrow$

$$e^y = \frac{x^4}{4} + C \Rightarrow$$

$$y(x) = \ln\left(\frac{x^4}{4} + C\right).$$

✓

Übungsaufgabe 15.3.8

i) $\dfrac{\partial}{\partial y}(y^2 \cos x) = 2y \cos x = \dfrac{\partial}{\partial x}(2y \sin x)$

ii) $\dfrac{\partial}{\partial y} e^y = e^y = \dfrac{\partial}{\partial x}(xe^y + 2y)$

iii) $\dfrac{\partial}{\partial y}(x \sin xy) = x^2 \cos xy \neq \dfrac{\partial}{\partial x}(y \cos xy) = -y^2 \sin xy$

Lösungen zu den Übungsaufgaben

iv) $\quad \dfrac{\partial}{\partial y}(\cos x\, e^y) = \cos x\, e^y = \dfrac{\partial}{\partial x}(\sin x\, e^y)$

Die DGLn i), ii) und iv) sind also exakt. ✓

Übungsaufgabe 15.4.1

Die DGL (15.4.01) bzw.

$$-g\left(\dfrac{y}{x}\right) + 1 \cdot y' = 0$$

ist genau dann exakt, wenn

$$\dfrac{\partial}{\partial y}\left(-g\left(\dfrac{y}{x}\right)\right) = \dfrac{\partial}{\partial x} 1 = 0$$

gilt. Letzteres ist nur der Fall, wenn g eine konstante Funktion ist. ✓

Übungsaufgabe 15.4.3

Für die linke Seite von (15.4.05) erhält man

$$y'(x) = \pm \dfrac{\sqrt{C^* - 2\ln|x|} - \dfrac{x \cdot (-2)\dfrac{1}{x}}{2\sqrt{C^* - 2\ln|x|}}}{C^* - 2\ln|x|}$$

$$= \pm \dfrac{1}{\sqrt{C^* - 2\ln|x|}} \pm \dfrac{1}{\sqrt{C^* - 2\ln|x|}^3},$$

was offenbar mit der rechten Seite übereinstimmt. ✓

Übungsaufgabe 15.4.6

i) $\quad g(z) = z + \dfrac{2}{\cos z} \Rightarrow$

$$f(z) = \int \dfrac{\cos z}{2}\, dz = \dfrac{1}{2}\sin z + C.$$

Die allgemeine Lösung ist gegeben durch

$$\dfrac{1}{2}\sin\dfrac{y}{x} = \ln|x| + C.$$

ii) $g(z) = z^2 \Rightarrow$

$$f(z) = \int \frac{1}{z^2 - z} dz = \int \left(\frac{1}{z-1} - \frac{1}{z}\right) dz$$
$$= \ln|z-1| - \ln|z| + C = \ln\left|\frac{z-1}{z}\right| + C = \ln\left|1 - \frac{1}{z}\right| + C.$$

Die allgemeine Lösung ist gegeben durch

$$\ln\left|1 - \frac{x}{y}\right| = \ln|x| + C.$$

Anwendung der Exponentialfunktion auf beiden Seiten der Gleichung ergibt

$$\left|1 - \frac{x}{y}\right| = e^C |x|.$$

Es gilt somit

$$1 - \frac{x}{y} = C^* x, \quad \text{mit } C^* = e^C$$

woraus sich

$$y(x) = \frac{x}{1 - C^* x}$$

als allgemeine Lösung ergibt.

iii) Division der DGL durch x ergibt

$$y' = e^{\frac{y}{x}} + \frac{y}{x}.$$

Man erhält

$g(z) = e^z + z \Rightarrow$

$$f(z) = \int \frac{1}{e^z} dz = -e^{-z} + C.$$

Somit ist die allgemeine Lösung durch

$$-e^{-\frac{y}{x}} = \ln|x| + C$$

gegeben. Logarithmieren der Gleichung ergibt

$$-\frac{y}{x} = \ln(-C - \ln|x|)$$
$$= \ln(C^* - \ln|x|)$$
$$\Rightarrow y(x) = -x \ln(C^* - \ln|x|)$$

mit $C^* := -C$.

✓

Übungsaufgabe 15.5.4

i) $y(x) = Ce^{-\frac{x^3}{3}}$

ii) $$y(x) = e^{-x} \int e^x \sin x \, dx \qquad (1)$$

Partielle Integration ergibt

$$\int e^x \sin x \, dx = e^x \sin x - \int e^x \cos x \, dx \qquad (2)$$

und

$$\int e^x \cos dx = e^x \cos x + \int e^x \sin x \, dx. \qquad (3)$$

Einsetzen der rechten Seite von (3) für das letzte Integral in (2) ergibt

$$\int e^x \sin x \, dx = e^x \sin x - e^x \cos x - \int e^x \sin x \, dx,$$

woraus

$$\int e^x \sin x \, dx = \frac{e^x}{2}(\sin x - \cos x) + C$$

folgt. Mit (1) folgt dann für die allgemeine Lösung

$$y(x) = e^{-x}\left[\frac{e^x}{2}(\sin x - \cos x) + C\right]$$

also

$$y(x) = \frac{\sin x - \cos x}{2} + Ce^{-x}.$$

Übungsaufgabe 15.5.7

Die DGL

$$y'' - y = 2 \qquad (1)$$

besitzt eine Lösung der Form

$$y(x) = e^x z(x). \qquad (2)$$

Wegen

$$y'(x) = e^x z(x) + e^x z'(x),$$
$$y''(x) = e^x z(x) + e^x z'(x) + e^x z'(x) + e^x z''(x)$$
$$= e^x(z(x) + 2z'(x) + z''(x))$$

ergibt durch Einsetzen von (2) in (1)

$$e^x(z(x) + 2z'(x) + z''(x)) - e^x z(x) = 2$$

also

$$2z'(x) + z''(x) = 2e^{-x}. \tag{3}$$

Die Substitution $u(x) := z'(x)$ ergibt die DGL

$$2u(x) + u'(x) = 2e^{-x} \tag{4}$$

mit der allgemeinen Lösung

$$u(x) = e^{-2x} \int 2e^x \, dx$$
$$= e^{-2x}(2e^x + C).$$

Somit ist

$$u(x) = 2e^{-x}$$

eine spezielle Lösung von (4), und die Stammfunktion

$$z(x) = -2e^{-x} \tag{5}$$

von $u(x)$ genügt der DGL (3).

Schließlich erhält man aus (2) und (5) die Lösung

$$y(x) = -2$$

für die DGL (1).

(Die Lösung hätte man auch leicht durch Probieren finden können. Der Zweck der Aufgabe war jedoch, die Anwendung der Reduktionsmethode zu üben.)

Übungsaufgabe 15.5.13

Durch Probieren findet man neben

$$y_1(x) = e^x \tag{1}$$

eine weitere Lösung

$$y_2(x) := e^{-x} \tag{2}$$

Lösungen zu den Übungsaufgaben

der homogenen DGL
$$y'' - y = 0. \tag{3}$$
Da (1) und (2) linear unabhängige Lösungen von (3) und
$$\Phi(x) := -2$$
eine spezielle Lösung von
$$y'' - y = 2 \tag{4}$$
ist, hat die allgemeine Lösung von (4) die Gestalt
$$y(x) = C_1 e^x + C_2 e^{-x} + 2.$$

Übungsaufgabe 15.6.3

Das charakteristische Polynom ist
$$\begin{aligned} p(\lambda) &= \lambda^3 + \lambda^2 - 2\lambda \\ &= \lambda(\lambda - 1)(\lambda + 2). \end{aligned}$$

Fundamentalsystem und allgemeine Lösung lauten also
$$y_1(x) = e^0 = 1, \quad y_2(x) = e^x, \quad y_3(x) = e^{-2x}$$
und
$$y(x) = C_1 + C_2 e^x + C_2 e^{-2x}.$$

Übungsaufgabe 15.6.6

i) Charakteristisches Polynom:
$$p(\lambda) = \lambda^3 + 2\lambda = \lambda\left(\lambda - i\sqrt{2}\right)\left(\lambda + i\sqrt{2}\right)$$
Fundamentalsystem:
$$y_1(x) = e^0 = 1, \quad y_2(x) = \cos\sqrt{2}x, \quad y_3(x) = \sin\sqrt{2}x$$
allgemeine Lösung:
$$y(x) = C_1 + C_2 \cos\sqrt{2}x + C_3 \sin\sqrt{2}x$$

ii) Charakteristisches Polynom:
$$p(\lambda) = \lambda^2 - 2\lambda + 4 = \left(\lambda - 1 - i\sqrt{3}\right)\left(\lambda - 1 + i\sqrt{3}\right)$$

Fundamentalsystem:
$$y_1(x) = e^x \cos\sqrt{3}x, \quad y_2(x) = e^x \sin\sqrt{3}x$$

allgemeine Lösung:
$$y(x) = C_1 e^x \cos\sqrt{3}x + C_2 e^x \sin\sqrt{3}x.$$

✓

Übungsaufgabe 15.6.7

Charakteristisches Polynom der homogenen DGL:
$$p(\lambda) = \lambda^2 + \lambda + 1 = \left(\lambda - \frac{i\sqrt{3}-1}{2}\right)\left(\lambda - \frac{-i\sqrt{3}-1}{2}\right)$$

Fundamentalsystem der homogenen DGL:
$$y_1(x) = e^{-\frac{x}{2}} \cos\frac{\sqrt{3}}{2}x, \quad y_2(x) = e^{-\frac{x}{2}} \sin\frac{\sqrt{3}}{2}x.$$

Da offenbar
$$\Phi(x) := e^x$$

eine spezielle Lösung von
$$y'' + y' + y = 3e^x$$

ist, lautet die allgemeine Lösung dieser DGL
$$y(x) = C_1 e^{-\frac{x}{2}} \cos\frac{\sqrt{3}}{2}x + C_2 e^{-\frac{x}{2}} \sin\frac{\sqrt{3}}{2}x + e^x.$$

✓

Übungsaufgabe 15.8.6

Gleichung (15.8.08) lautet
$$y_{n+1} = 2n + (1+n)y_n.$$

Daraus folgt

$n = 0$: $y_1 = y_0$
$n = 1$: $y_2 = 2 + 2y_1 = 2 + 2y_0$
$n = 2$: $y_3 = 4 + 3y_2 = 10 + 6y_0$
$n = 3$: $y_4 = 6 + 4y_3 = 46 + 24y_0$
$n = 4$: $y_5 = 8 + 5y_4 = 238 + 120y_0$
$n = 5$: $y_6 = 10 + 6y_5 = 1438 + 720y_0$.

✓

Lösungen zu den Übungsaufgaben

Übungsaufgabe 15.8.7

Man erhält aus Satz 15.8.4 für $a_n = -2n$ und $b_n = 3n$

$$y_n = y_0 \prod_{k=0}^{n-1}(1+2k) + \sum_{k=1}^{n-2} 3k \prod_{i=k+1}^{n-1}(1+2i) + 3(n-1).$$

Für $n=5$ ergibt sich insbesondere

$$y_5 = y_0 \cdot 1 \cdot 3 \cdot 5 \cdot 7 \cdot 9 + 3\sum_{k=1}^{3} k \prod_{i=k+1}^{4}(1+2i) + 12$$
$$= 945 y_0 + 12 + 3(5 \cdot 7 \cdot 9 + 2 \cdot 7 \cdot 9 + 3 \cdot 9)$$
$$= 945 y_0 + 1416.$$

✓

Übungsaufgabe 15.8.12

Aus

$$y_n = C_1 2^n + C_2 4^n + 3n + 4$$

folgt

$$\Delta y_n = y_{n+1} - y_n$$
$$= C_1 2^{n+1} + C_2 4^{n+1} + 3(n+1) + 4 - C_1 2^n - C_2 4^n - 3n - 4$$
$$= C_1 2^n + 3 C_2 4^n + 3,$$

$$\Delta^{(2)} y_n = \Delta y_{n+1} - \Delta y_n$$
$$= C_1 \cdot 2^{n+1} + 3 \cdot C_2 4^{n+1} + 3 - C_1 2^n - 3 \cdot C_2 4^n - 3$$
$$= C_1 2^n + 9 C_2 4^n.$$

Setzt man dies in die DGL

$$\Delta^{(2)} y_n - 4\Delta y_n + 3 y_n = 9n$$

ein, so ergibt sich die Identität

$$C_1 2^n + 9 C_2 4^n - 4 C_1 2^n - 12 C_2 4^n - 12 + 3 C_1 2^n + 3 C_2 4^n + 9n + 12 = 9n.$$

✓

Übungsaufgabe 15.8.14

i) Charakteristisches Polynom:
$$p(\lambda) = \lambda^2 - 8\lambda + 15 = (\lambda - 3)(\lambda - 5)$$

Fundamentalsystem:
$$y_n^{(1)} = (1+3)^n = 4^n, \quad y_n^{(2)} = (1+5)^n = 6^n$$

allgemeine Lösung:
$$y_n = C_1 \cdot 4^n + C_2 \cdot 6^n.$$

ii) Charakteristisches Polynom:
$$p(\lambda) = \lambda^2 - 4\lambda + 4 = (\lambda - 2)^2$$

Fundamentalsystem:
$$y_n^{(1)} = (1+2)^n = 3^n, \quad y_n^{(2)} = n \cdot 3^n$$

allgemeine Lösung:
$$y_n = C_1 3^n + C_2 \cdot n \cdot 3^n = 3^n (C_1 + n C_2).$$

iii) Charakteristisches Polynom:
$$p(\lambda) = \lambda^2 + 2 = \left(\lambda - i\sqrt{2}\right)\left(\lambda + i\sqrt{2}\right)$$

Fundamentalsystem:
$$y_n^{(1)} = \sqrt{1+2}^n \cos\phi n = \sqrt{3}^n \cos\phi n$$
$$y_n^{(2)} = \sqrt{3}^n \sin\phi n,$$

mit $\phi = \arctan\sqrt{2} \approx 0{,}955$

allgemeine Lösung:
$$y_n = C_1 \sqrt{3}^n \cos\phi n + C_2 \sqrt{3}^n \sin\phi n.$$

✓

Literaturverzeichnis

Die mit * gekennzeichneten Bücher sind besonders geeignet zur Auffrischung von Vorkenntnissen (Schulwissen).

Allen, R. G. (1971)
„Mathematische Wirtschaftstheorie"
Duncker & Humblot, Berlin.

Bader, H., Fröhlich, S. (1988):
„Einführung in die Mathematik für Volks- und Betriebswirte"
9. Auflage, Oldenbourg, München, Wien.

Bartsch, H.-J. (1990):
„Taschenbuch mathematischer Formeln"
13. Auflage, Harri Deutsch, Frankfurt/M., Thun.

Beckmann, M.J., Künzi, H.P. (1984):
„Analysis in mehreren Variablen"
Springer, Berlin, Heidelberg, New York.

Berg, C., Korb, U.-G. (1985):
„Mathematik für Wirtschaftswissenschaftler"
Teil 1: Analysis, Teil 2: Lineare Algebra.
3. Auflage, Gabler, Wiesbaden.

Blatter, Ch. (1995):
„Ingenieur Analysis I & II"
2. Auflage, Verlag der Fachvereine, Zürich.

Böhm, V. (1982):
„Mathematische Grundlagen für Wirtschaftswissenschaftler"
Springer, Berlin, Heidelberg, New York.

Böhme, G. (1991/90):
„Anwendungsorientierte Mathematik"
Analysis, Band 2: 6. Auflage, Band 3: 5. Auflage,
Springer, Berlin, Heidelberg, New York.

Bosch, K. (1994):
„Mathematik für Wirtschaftswissenschaftler: Eine Einführung"
9. Auflage, Oldenbourg, München, Wien.

Braun, M. (1994):
„Differentialgleichungen und ihre Anwendungen"
3. Auflage, Springer, Berlin, Heidelberg, New York.

Briel, van, W., Neveling, R. (1981):
„Grundkurs Analysis"
Bayerischer Schulbuch Verlag, München.

Bronstein, I.N., Semendjajew, K.A. (1991):
„Taschenbuch der Mathematik"
25. Auflage, Teubner, Leipzig.

Buhlmann, M. (1992/90):
„Mathematik im Studium - 250 Klausuraufgaben mit Lösungen"
Band 1: Differentialrechnung, 2. Auflage, Band 2: Integralrechnung, Westarp, Essen.

Collatz, L. (1990):
„Differentialgleichungen"
7. Auflage, Teubner, Stuttgart

Dörsam, P. (1995):
„Mathematik -anschaulich dargestellt- für Studierende der Wirtschaftswissenschaft"
5. Auflage, PD-Verlag, Heidenau

Dorninger, D., Karigl, G. (1988):
„Mathematik für Wirtschaftsinformatiker"
Band I + II, Springer, Berlin, Heidelberg, New York.

Dück, W., Körth, H., Runge W., Wunderlich L. (1988):
„Taschenbuch der Wirtschaftsmathematik: Formeln, Tabellen, Zusammenstellungen"
2. Auflage, Harri Deutsch, Frankfurt/Main, Thun.

Gal, T., Gal, J. (1991):
„Mathematik für Wirtschaftswissenschaftler, Aufgabensammlung"
2. Auflage, Springer, Berlin, Heidelberg, New York.

Glatz, G., Grieb, H., Hohloch, E., Kümmerer, H. (1989):
„Brücken zur Mathematik"
Band 4: Differential- und Integralrechnung 1,
Band 5: Differential- und Integralrechnung 2, Cornelsen-Schwann-Girardet, Düsseldorf.

Glatz, G., Grieb, H., Hohloch, E., Kümmerer, H., Mohr, R. (1994):
„Brücken zur Mathematik"
Band 6: Differential- und Integralrechnung 3, Cornelsen Verlag, Berlin.

Gröbner, W., Hofreiter, N. (1975/73):
„Integraltafel. 2 Teile"
5. Auflage, Springer, Berlin, Heidelberg, New York.

Literaturverzeichnis

Hackl, P., Katzenbeisser, W. (1992):
„Mathematik für Sozial- und Wirtschaftwissenschaftler"
2. Auflage, Oldenbourg, München, Wien

Hauptmann, H. (1988):
„Mathematik für Betriebs- und Volkswirte"
2. Auflage, Oldenbourg, München, Wien.

Heuser, H., (1994/93):
„Lehrbuch der Analysis"
Teil 1, 11. Auflage, Teil 2, 8. Auflage, Teubner, Stuttgart

* Hoffmann, S. (1995):
„Mathematische Grundlagen für Betriebswirte"
4. Auflage, Neue Wirtschafts-Briefe, Herne

Hohloch, E., Kümmerer, H. (1989/88):
„Brücken zur Mathematik"
Band 1: Grundlagen, 3. Auflage, Band 2: Lineare Algebra, 2. Auflage, Band 3: Vektorrechnung, 2. Auflage, Cornelsen-Schwann-Girardet, Düsseldorf.

Huang, D., Schulz, W. (1994):
„Einführung in die Mathematik für Wirtschaftswissenschaftler"
6. Auflage, Oldenbourg, München, Wien.

Kall, P. (1982):
„Analysis für Ökonomen"
Teubner, Stuttgart.

Kosiek, R. (1988/82):
„Mathematik für Wirtschaftswissenschaftler"
Band 1: Lehrbuch, 4. Auflage, Band 2: Übungen und Lösungen, 2. Auflage, Florentz, München.

Luderer, B., Würker, U. (1995):
„Einstieg in die Wirtschaftsmathematik"
Teubner, Stuttgart, Leipzig

Marinell, G. (1985):
„Mathematik für Sozial- u. Wirtschaftswissenschaftler"
5. Auflage, Oldenbourg, München, Wien.

* Merz, W., Kubla, H., Schlotter, W., Stein, G. (1977):
„Mathematik für Sie"
3. Auflage, Band 1, Grundwissen, Huber, M., Ismaning

* Merz, W., Costantin, F., Geiss, F., Koppelberg, B., Koppelberg, S., Schlotter, W. (1979)
„Mathematik für Sie"
Band 2, Grundwissen, Huber, M., Ismaning

Nollau, V. (1993):
„Mathematik für Wirtschaftswissenschaftler"
Teubner, Stuttgart, Leipzig

Oberhofer, W. (1993):
„Lineare Algebra für Wirtschaftswissenschaftler"
4. Auflage, Oldenbourg, München, Wien.

Ohse, D. (1993/90):
„Mathematik für Wirtschaftswissenschaftler"
Band I, 3. Auflage, Band II, 2. Auflage, Vahlen, München.

Pfeiffer, R. (1980):
„Mathematik für Volks- und Betriebswirte"
Band 1-5, Gabler, Wiesbaden.

* Piehler, G., Sippel, D., Pfeiffer, U., (1996):
„Mathematik zum Studieneinstieg"
3. Auflage, Springer, Berlin, Heidelberg, New York

* Purkert, W. (1995):
„Brückenkurs Mathematik für Wirtschaftswissenschafter"
Teubner, Stuttgart, Leipzig

Ringleb, F. O. (1967):
„Mathematische Formelsammlung"
8. Auflage, de Gruyter, Berlin

Rommelfanger, H. (1994/92):
„Mathematik für Wirtschaftswissenschaftler"
Band I, 2. Auflage, Band II, 3. Auflage, Bibliographisches Institut, Mannheim

Roppert, J. (1992):
„Mathematik - Eine erste Einführung"
Springer, Wien, New York

Schwarze, J. (1992):
„Mathematik für Wirtschaftswissenschaftler"
Band I-III, 9. Auflage, Neue Wirtschaftsbriefe, Herne, Berlin.

* Schwarze, J. (1993)
„Mathematik für Wirtschaftswissenschaftler - Elementare Grundlagen für Studienanfänger"
5. Auflage, Neue Wirtschafts-Briefe, Herne

Literaturverzeichnis

Schwarze, J. (1994):
"Aufgabensammlung zur Mathematik für Wirtschaftswissenschaftler"
3. Auflage, Neue Wirtschaftsbriefe, Herne, Berlin.

Stöppler, S. (1982):
"Mathematik für Wirtschaftswissenschaftler"
3. Auflage, Gabler, Wiesbaden.

Tietze, J. (1992):
"Einführung in die angewandte Wirtschaftsmathematik"
4. Auflage, Vieweg, Braunschweig, Wiesbaden.

Vogt, H. (1988):
"Einführung in die Wirtschaftsmathematik"
6. Auflage, Physica, Heidelberg.

Vogt, H. (1988):
"Aufgaben und Beispiele zur Wirtschaftsmathematik"
2. Auflage, Physica, Heidelberg.

Walter, W. (1993):
"Gewöhnliche Differentialgleichungen"
5. Auflage, Springer-Verlag, Berlin, Heidelberg, New York

Zehfuß, H. (1987):
"Wirtschaftsmathematik in Beispielen"
2. Auflage, Oldenbourg, München, Wien.

Stichwortverzeichnis

A
abhängige Variable ... 1
absolutes Extremum ... 50
affinlineare Funktion ... 2
Ähnlichkeitsdifferenzialgleichung ... 95
Akzelerator ... 121
allgemeine Amoroso-Robinson-Gleichung ... 42
allgemeine Lösung ... 84
Änderungsrate ... 35
Anfangsbedingung ... 84
Anfangswertproblem ... 84
Ausfallrate ... 134

C
charakteristische Gleichung der DGL ... 106
charakteristisches Polynom ... 106
Cobb-Douglas-Funktion ... 9
Cobb-Douglas-Produktionsfunktion ... 126

D
Differential ... 24
Differentialgleichung ... 83
differenzierbar ... 24
direkte Preiselastizität ... 48
Durchschnittsfunktion ... 42

E
elastisch ... 35
Elastizität ... 35
Elastizitätsmatrix ... 47
Engel-Funktion ... 124
Epigraph ... 55
Eulersche Homogenitätsrelation ... 19
exakte DGL ... 90
explizite DGL ... 84
Exponentialverteilung ... 134
Extremstelle ... 50
Extremum ... 50

F
Fundamentalsystem ... 104
Funktionalmatrix ... 79

G
Gaußsche Glockenkurve ... 135
gewöhnliche DGL ... 84
globales Maximum ... 49
globales Minimum ... 49
Gradient ... 16
Grenzrate der Substitution ... 29

H
homogene DGL ... 99
Hesse-Matrix ... 22
homogen vom Grade α ... 9
Hypograph ... 55

I
implizite DGL ... 84
inferior ... 124
inhomogene DGL ... 99
innerer Punkt ... 51
Isoquanten ... 30

K
konkav ... 55
Konvergenz einer Punktfolge ... 6
konvex ... 55
konvexe Menge ... 54
Kreuzelastizität ... 48
kritischer Punkt ... 52
k-te Differenzenfolge ... 113

L
Lagrangefunktion ... 78
Lagrange-Multiplikator ... 78
linear unabhängige Lösung ... 104
lineare DGL n-ter Ordnung ... 86
lineare Differenzengleichung k-ter Ordnung ... 114
lineare Funktion ... 2
lineare Nachfragefunktion ... 123
linear-homogen ... 9
Linienelement ... 85
logarithmische Ableitung ... 39
logarithmische Koordinate ... 38
logarithmisches Koordinatensystem ... 37
Logistische Funktion ... 89
lokales Maximum ... 50
lokales Minimum ... 50
Losgrößenformel von Harris und Wilson ... 131
Lösungskurve ... 85
Lösungsmenge ... 84

M
mehrdimensionale Funktion ... 1
Monom vom Grade k ... 3
Multiplikator ... 121

N
n-dimensionale Funktion ... 1
n-dimensionale Normalverteilung ... 137
normales Gut ... 124

Stichwortverzeichnis

O
Ordnung der DGL 84

P
partiell differenzierbar 11
partielle Ableitung von f an der Stelle x 11
partielle Änderungsrate 44
partielle DGL 84
partielle Elastizität 44
Polynom 3
proportional-elastisch 35

Q
quadratische Funktion 3

R
Randpunkt 51
reelleFunktion in n (reellen) Variablen 1
relative Änderungsrate 35
relatives Extremum 50
Richtungsableitung 16
Richtungsfeld 85

S
Sato-Funktion 126
Sattelpunkt 52
spezielle Amoroso-Robinson-Gleichung ...44
standardisierte n-dimensionale
  Normalverteilung 138
standardisierte Normalverteilung 136
stetig in einem Punkt 8
stetig partiell differenzierbar 11

stetige Funktion 8
streng konkave Funktion 57
streng konvexe Funktion 57
striktes globales Maximum 49
striktes globales Minimum 49
striktes lokales Maximum 50
striktes lokales Minimum 50

T
total differenzierbar 24
totale DGL 90
totales Differential 25

U
überlinear-homogen 9
unabhängige Variable 1
unelastisch 35
unterlinear-homogen 9

V
Variablensubstitution 74
Verallgemeinerte Kettenregel 17
Verteilungsfunktion 133

W
Wahrscheinlichkeitsdichtefunktion 133

Z
zweimal partiell differenzierbar 20
zweimal stetig partiell differenzierbar 20
zweite partielle Ableitung 20

GRUNDLAGEN

H. Laux

Erfolgssteuerung und Organisation 1

Anreizkompatible Erfolgsrechnung, Erfolgsbeteiligung und Erfolgskontrolle

1995. XXII, 593 S. 139 Abb. Brosch. DM 69,-; öS 503,70; sFr 61,- ISBN 3-540-60106-6

In diesem Buch werden Grundprobleme der anreizkompatiblen Erfolgsrechnung, der Erfolgsbeteiligung und der Erfolgskontrolle untersucht. Dabei geht es im Kern darum, die Entscheidungsprozesse in einer Organisation – und mithin auch die daraus resultierenden Erfolge bzw. Erfolgssträhne – im Sinne der (langfristigen) Kriterien der Investitionsrechnung zu steuern. Nach Darstellung der theoretischen Grundlagen werden zunächst Anreiz- und Kontrollprobleme bei einem Entscheidungsträger untersucht. Danach werden komplexere hierarchische Entscheidungssysteme mit mehreren Entscheidungsträgern betrachtet. Im Vordergrund steht hierbei die Problematik der Erfolgszurechnung sowie die Gestaltung von Anreizsystemen für einen wahrheitsgemäßen Informationsaustausch.

G. Piehler, D. Sippel, U. Pfeiffer

Mathematik zum Studieneinstieg

Grundwissen der Analysis für Wirtschaftswissenschaftler, Ingenieure, Naturwissenschaftler und Informatiker

Herausgeber: T. Gal

3. verb. Aufl. 1996. XVIII, 440 S. 163 Abb., 46 Tab. Brosch. DM 49,80; öS 363,60; sFr 44,50 ISBN 3-540-60840-0

Die Studiengänge der Wirtschaftswissenschaften, Technik, Naturwissenschaften und Informatik kommen ohne Mathematik nicht aus. Dieses Buch schließt die Lücke zwischen Schulwissen und der zu Beginn eines Studiums vorausgesetzten Mathematikkenntnisse. Es eignet sich hervorragend zum Selbststudium.

D. Hoffmann

Analysis für Wirtschaftswissenschaftler und Ingenieure

1995. XVI, 387 S. 108 Abb. Brosch. DM 49,80; öS 363,60; sFr. 44,80 ISBN 3-540-60108-2

Dieses Buch behandelt in einer eleganten, vergleichsweise konzisen Form zentrale Themen der Analysis, wie sie in einer zweisemestrigen Vorlesung für Wirtschaftswissenschaftler, Ingenieure, aber auch für Informatiker an Universitäten und Fachhochschulen behandelt werden. Die Ideen werden – mit ständigem Blick auf Anwendungen – behutsam herausgearbeitet, zu leistungsfähigen Methoden ausgestaltet und durch vollständig durchgerechnete Beispiele erläutert; instruktive Abbildungen tragen zur Veranschaulichung bei. Eine Fülle von Übungsaufgaben runden den Text ab. Das Buch ist als Basis für eine Vorlesung, aber auch zum Selbststudium bestens geeignet.

H. Laux

Entscheidungstheorie

3., durchgesehene Aufl. 1995. XXI, 359 S. 82 Abb. Brosch. DM 49,80; öS 363,60; sFr 44,50 ISBN 3-540-60085-X

Dieses Lehrbuch gibt eine gründliche Einführung in die Entscheidungstheorie. Es ermöglicht, praktische Entscheidungsprobleme zu erkennen, sie formal zu beschreiben und mit Hilfe des entscheidungstheoretischen Instrumentariums zu lösen.

Preisänderungen vorbehalten

Springer

Springer-Verlag, Postfach 31 13 40, D-10643 Berlin, Fax 0 30/8 27 87-3 01 / 4 48, e-mail: orders@springer.de   BA96.08.12

G. Piehler, H. P. Reidmacher

Aufgabentrainer Lineare Algebra

Computergestützte Weiterbildung

1995. 3 $3^{1}/_{2}''$ Disketten, Begleittext mit 40 S., 100 Aufgaben. DM **60**,-*
ISBN 3-540-14525-7

*Unverbindliche Preisempfehlung zzgl. 15% MWSt. In anderen EU-Ländern zzgl. landesüblicher MWSt.

Der computergestütze **Aufgabentrainer Lineare Algebra** bietet eine effiziente Möglichkeit, mathematische Begriffe und Methoden anhand von Aufgaben zu trainieren und sich auf Klausuren und Prüfungen vorzubereiten. Das Programm unterstützt durchgehend interaktiv die Eingabe von Lösungen und gibt differenzierte Rückmeldungen. Hinweise zur Bearbeitung und Begriffsverweise sind aufgabenspezifisch abrufbar. Der Schwerpunkt liegt auf dem Training der Lösungsmetoden. Im Klausurteil werden Aufgaben zu Probeklausuren zusammengestellt, und der Benutzer erhält nach Abschluß eine Bewertung seiner Leistung.

W. Assenmacher

Deskriptive Statistik

1996. XIV, 252 S. 44 Abb., 40 Tab. (Springer-Lehrbuch) Brosch. DM **36**,-; öS 262,80; sFr 32,50 ISBN 3-540-60715-3

Dieses Lehrbuch gibt einen umfassenden Überblick über Methoden der deskriptiven Statistik, die durch einige Verfahren der explorativen Datenanalyse ergänzt wurden. Die zahlreichen statistischen Möglichkeiten zur Quantifizierung empirischer Phänomene werden problemorientiert dargestellt, wobei ihre Entwicklung schrittweise erfolgt, so daß Notwendigkeit und Nutzen der Vorgehensweise deutlich hervortreten. Dadurch soll ein fundiertes Verständnis für statistische Methoden geweckt werden. Dieses wird durch repräsentative Beispiele unterstützt. Übungsaufgaben mit Lösungen ergänzen den Text.

Springer

Preisänderungen vorbehalten.

If you have any concerns about our products,
you can contact us on
ProductSafety@springernature.com

In case Publisher is established outside the EU,
the EU authorized representative is:
**Springer Nature Customer Service Center GmbH
Europaplatz 3, 69115 Heidelberg, Germany**

Printed by Libri Plureos GmbH
in Hamburg, Germany